西藏高海拔边境县
青稞种质资源

◎杨 勇 廖文华 著

U0306568

中国农业科学技术出版社

图书在版编目（CIP）数据

西藏高海拔边境县青稞种质资源 / 杨勇，廖文华
著 . 一北京：中国农业科学技术出版社，2020.10
ISBN 978-7-5116-4744-3

Ⅰ . ①西… Ⅱ . ①杨… ②廖… Ⅲ . ①元麦—种质资
源—西藏 Ⅳ . ①S512.302.4

中国版本图书馆 CIP 数据核字（2020）第079561号

责任编辑	贺可香
责任校对	马广洋
出 版 者	中国农业科学技术出版社
	北京市海淀区中关村南大街12号　　邮编：100081
电　话	（010）8210 6638（编辑室）　　（010）8210 9702（发行部）
	（010）8210 9709（读者服务部）
传　真	（010）8210 6638
网　址	http://www.castp.cn
经 销 者	各地新华书店
印 刷 者	北京东方宝隆印刷有限公司
开　本	710mm×1000mm　1/16
印　张	27.75
字　数	500千字
版　次	2020年10月第1版　2020年10月第1次印刷
定　价	280.00元

《西藏高海拔边境县青稞种质资源》
著者名单

主　　著	杨　勇　廖文华
副 主 著	郭刚刚　黄海皎
著　　者	高小丽　次　珍　拉巴扎西　魏新虹
	尼玛央宗　田朋佳　李　杨　曲　吉
	刘　静　尹中江　关卫星　范瑞英
	王春超
学术顾问	张　京

前　言

农业是人类发展历史中最早出现的产业，也是人类生存繁衍的根本基础。农业还是人类其他产业产生和发展的基础和前提。随着人类社会发展进步，农业这一概念的内涵与外延也在不断变化，其要素与功能也在不断拓展。进入21世纪，农业已经远远超越为人类生存提供生存必要的食物以及纤维、燃料、建筑材料、药材等初级产品的基本功能，生物、信息、能源、加工等技术创新已经成为农业发展进步的根本推动力量。然而，无论技术如何进步、社会如何发展，只要农业从根本上仍然依赖于生物体的再生产，生物资源就是农业生产的核心基础，生物种质资源就是农业最为根本的核心资源。

有史以来，种质资源就是人类的核心战略资源。种质资源不仅是农业生产实践中生物再生产意义上直接使用的种子，更是依据人类社会发展需要通过育种改善生物生产性状、挖掘潜在用途的最为基础的原材料，它不仅是农业得以延续的根本，也是农业功能拓展、提质增效的核心资源。作物、自然环境、人类农业实践之间的协同进化是人类农业种质资源多样化的基础。青稞是特定环境中驯化并延续利用至今的种质资源，对人类及其农业生产具有难以替代的重要作用。农业种质资源与人类是相互依存、相互塑造、共同进化的关系。一粒种子拯救一个国家，充分说明了农业种质资源对人类生存与发展的极端重要性。随着人类科学探索能力的提升、科学认知领域的拓展、生产技术水平的提高，我们对农业种质资源价值的认识不断深入、利用能力不断提升、利用范围不断拓展，可以说已经加速迈入"万物皆有用、万物尽其用"的新时代，我们无法判断也无权决定什么是没有价值的。正因为此，生物种质资源的安全有效保存与利用一直以来都是农业生产的核心活动之一。农业种质资源的传播为人类适应环境条件变迁的生存和发展做出了根本性的贡献，人类历史上不乏为争夺农业种质资源而发生冲突甚至战争的先例。随着人类生存与发展竞争的加剧，世界各国更加关注生物种质资源安全，凡有能力的国家、凡有长远战略的相关企业都特别重视对生物资源的掌握、保护和利用。

正因为作为生物资源重要组成部分的农业种质资源如此重要，为保护本国的农业种质资源，包括我国在内，世界各国均建立了生物及农业种质资源保护与利用相关的法规。进入21世纪，我国更加重视并进一步加大了农业种质资源工作，进一步收集了大量的种质资源，丰富了我国的农业种质资源库，积累了大量的资源数据，进一步摸清了我国农业生物资源状况，进一步夯实了我国农业种质资源综合基础。相较于其他国家，我国目前作物种质资源有效利用率仍然很低，仅为2.5%～3.0%。西藏自治区（以下简称西藏）作物种质资源有效利用率更低，从特有种质资源中发掘新的特异基因更少，亟需开展特异种质资源的精准鉴定与利用评价，以推动其更好地得到利用。

本书是对国家重点研发计划"高海拔边境地区特色农牧业精准扶贫关键技术研究与示范专项"课题"高海拔边境地区青稞绿色增产增效关键技术研究与集成示范"下开展的"特色农作物种质资源收集整理与精准鉴定研究"工作所获得的原创成果的总结。此项工作通过考察与搜集西藏高海拔边境地区农作物种质资源，基本摸清了高寒边境地区青稞特异种质资源底数、分布及利用情况；通过对所搜集资源的产量、品质、抗病虫、抗逆、机械化生产稳定性等性状的精准鉴定，为西藏高原青稞育种及生产利用筛选出一批优异的特色青稞种质资源。本书基于上述研究工作的实际测量数据，展示了西藏高海拔边境地区春青稞的形态特征、生物学特性、品质特性，供青稞育种、生产发展和感兴趣的读者借鉴参考。书中除几个青稞资源外，其他均提供有获得其基因图谱数据的条形码，供有需要的读者使用。随着青藏高原农作物种质资源研究工作的持续深入，我们也期待在不久的将来向大家分享我们更新的工作成果。

本书所涉及项目工作能够顺利完成，其研究成果最终能够以图书的形式展现并与大家分享，得益于科学技术部和西藏自治区科学技术厅无私的支持和帮助！感谢中国农业科学院作物科学研究所作物种质资源中心协调全国各作物领域专家赴藏指导工作并联合考察！感谢日喀则市定结县、定日县、吉隆县、岗巴县、亚东县、康马县，山南市措美县、隆子县，阿里地区札达县、普兰县、日土县、噶尔县各位领导、同行们的大力支持！此项工作是团队成员共同努力的结果，感谢项目组成员的通力协作！

需要特别说明的是，不仅这些宝贵资源的获得，这些宝贵资源能够保存至今且有机会面向未来继续得到保护与永续利用，都离不开当地百姓的参与和贡献，为此，我们对资源原生地的农民群众，特别是所有积极参与和配合此次种质资源调查搜集工作的当地向导和村民表示衷心的感谢！

编　者
2020年10月于拉萨

目　录

前　言

第一章　西藏作物种质资源收集情况 1

第二章　西藏青稞种质资源多样性与评价利用 6

第三章　青稞种质资源观测数据标准及检测方法 9

第四章　西藏高海拔边境县青稞种质资源鉴定评价图谱 16

　　日喀则市定结县青稞资源简介 16

　　日喀则市定日县青稞资源简介 82

　　日喀则市吉隆县青稞资源简介 198

　　日喀则市岗巴县青稞资源简介 228

　　日喀则市亚东县青稞资源简介 260

　　日喀则市康马县青稞资源简介 286

　　山南市措美县青稞资源简介 352

　　山南市隆子县青稞资源简介 358

　　阿里地区札达县青稞资源简介 370

　　阿里地区普兰县青稞资源简介 398

　　阿里地区日土县青稞资源简介 420

　　阿里地区噶尔县青稞资源简介 432

第一章 西藏作物种质资源收集情况

　　青藏高原地处亚洲内陆中部，总面积约250万km²，除西南边缘部分分属缅甸、不丹、巴基斯坦、尼泊尔、印度等国外，绝大部分位于中国境内。从地质来看，由于多种因素影响，使青藏高原形成了全世界水平地带性和垂直地带性紧密结合的自然地理单元，平均海拔4 000m以上，是世界上海拔最高、最年轻的高原，被誉为"世界屋脊"、地球"第三极"。

　　青藏高原光照充沛，年日照总时数2 500～3 200h；紫外线辐射强烈，年太阳辐射总量586.6～754.2kJ/cm²；气温低，年平均温度在10℃以下，且随高度和纬度的升高而降低，日差较大；四季干湿分明，冬季干冷、多大风，夏季温凉，多夜雨、多冰雹；绝大多数地方为低压、低氧环境，空气含氧量不足平原地区的60%。

　　青藏高原高山峡谷交织、地形起伏多变、环境丰富多样，为诸多生物提供了多样化的栖息地。低地、山地和高山等完整的海拔分布，形成了较小的纬度范围内差异巨大的垂直生态，地形、纬度、海拔交织形成了散布的多种生态梯度，为多样的生物类群提供了适应不同海拔梯度的生态位条件。如此丰富多样且散布的生态条件，加之人类活动影响面相对狭窄，促成了生物类群间的连通及孤立的循环；狭窄范围内崎岖的地形及完整的海拔分区，确保物种在气候剧烈变化期间，只需经过短距离迁徙即可到达适宜的栖息地。

　　西藏是青藏高原的主体，位于北纬27°～37°、东经71°～99°，区域跨度大，地形地貌复杂，气候、地理及海拔等多种生态因子相互交错，形成了复杂的气候类型和多样的小气候生态环境，为种类不同、类型丰富、生态适宜性各异的作物生存繁衍提供了条件。在东南部低海拔亚热带气候区，分布有水稻、玉米、甘蔗、芭蕉等各类喜温作物；海拔2 500～4 100m的河谷地带则分布有小麦、食用豆、青稞、油菜等中温和喜凉作物；海拔3 400～4 300m的高寒农区一般只能种植青稞、油菜、马铃薯等早熟喜凉作物；海拔更高的地区由于年有效积温不足500℃，喜凉作物也难以生长。但即便是如此寒冷恶劣的高海拔地区，却因存在局部低纬度小气候环境，青稞、油菜等作物得以繁衍，甚至可以种植到极高海拔地区，如海拔4750m的岗巴县吉汝村仍有青稞种植。

由于高山阻隔环境相对封闭，通过长期的自然和人工选择，西藏生物资源地方品种与野生近缘种丰富，形成了高原特色作物独特的遗传多样性类群。西藏作物种质资源收集工作最早是在第二次世界大战前的1938—1939年，德国开展的西藏科学考察活动，除收集藏民族人种信息、动物标本和昆虫标本外，还重点收集了拉萨、日喀则和江孜等地的所有谷物、水果和蔬菜种子，以及2000种野生植物种子，5000～6000种开花植物的标本。由于所处历史阶段、发展水平和认知能力所限，对于种质资源既毫无保护意识，也无力收集与保存，德国所收集的相关标本和样品均未受到限制而被带到了欧洲大陆。

中华人民共和国成立以来，我国高度重视并持续加强西藏作物种质资源保护与研究利用工作，主要分为四个阶段：

一、起步与徘徊阶段（1950—1977年）

中华人民共和国成立以后，1955—1956年原农业部连续发文，依靠行政力量和社会力量征集全国农作物种质资源，然而，受限于当时的社会政治条件，西藏是未征地区。1959年西藏民主改革，1965年西藏自治区成立后，西藏自治区内的农业科研机构及进西藏的科技人员在农业考察中十分重视作物种质资源的调查与收集利用工作，主要是配合农作物育种进行地方品种搜集和比较鉴定，希望从中筛选出性状较好的品种直接用于生产或育种。20世纪60年代和70年代，中国科学院先后两次组织西藏综合科学考察工作，均高度重视农作物种质资源的考察与收集。然而，先后组织的多次考察和收集，均因交通困难、人力物力财力不济等各种因素限制，开展收集的地区和作物种类也都有局限性，多数只是零星收集与整理，存在不少漏征地区。

二、全面发展与体系建立阶段（1978—1999年）

1978年3月全国科学大会的召开，促使我国作物种质资源学科也进入了科学的春天，种质资源工作进入蓬勃发展期。1978年4月18日，中国农业科学院作物品种资源研究所获批成立；1979年2月，全国农作物品种资源科研工作会议召开，制定《全国农作物品种资源科研工作会议情况报告》和《全国农作物品种资源工作暂行规定》等4个文件，确立了"广泛收集、妥善保存、深入研究、积极创新、充分利用"20字工作方针，并由原农业部、国家科委转发；1978年起，包括西藏在内的一些地区纷纷将作物种质资源工作从育种工作中独立出来，组建了种质资源专业研究室或课题组，形成了全国作物种质资源研究协作体系；1980年1月，中国农业科学院作物品种资源研究所举办全国作物种质资源培训班，同年2月召开了全国作物品种资源考察和征集工作汇报会；1979—1984年进行了全国作物品种资源补充征集工作。20世纪70—80年代，中国科学院、中国农业科学院也先后多次组织开展了西藏地区的综合科学考察、作物种质资源普查与系统调查工作。

在这一背景下，西藏自治区农业科学研究所（现西藏自治区农牧科学院农业研究所）也组织实施了资源普查。1980年，首先在主要农区开展了6个县2个农场的试点征集；1981—1984年，先后开展了山南、昌都、日喀则、林芝、拉萨地区（市）的全面征集。5年间组织农业科技、行政管理人员和农牧院校师生总共500多人次，开展了5个主要农区54个县（农场）的征集，共收集到30余种作物4 754份种质资源，基本摸清了西藏作物种质资源的相关信息，为高原作物种质资源的深入研究和发掘利用奠定了基础。同期，中国农业科学院作物品种资源所和西藏自治区农牧科学院联合牵头，对西藏农作物进行了系统深入的考察收集和鉴定研究，先后组织全国15个省（市、自治区）的43个科研、教学和生产管理部门105人（包括20多个专业的65名科技人员）组成了西藏作物品种资源考察队。深入西藏的69个县、1 271个乡、2 450个村开展系统调查，收集和制作各类作物种子实物、标本14 787份，其中包括大批作物地方品种、野生种及近缘植物，发现了一批作物新种、亚种、变种和野生群落，基本摸清了西藏作物的种类、分布及生态环境。这些工作，为多种作物的起源、演化、分类等基础理论研究夯实了基础。

（三）深入发展与水平提升阶段（2000—2014年）

进入21世纪，我国新一代种质资源工作者，在传承老一辈种质资源工作者扎实奋进的优良传统基础上，与时俱进、开拓创新，逐步成为新时期中国作物种质资源深入研究、积极创新、提升水平、充分利用的主力军，确保了我国种质资源工作整体持续前进。

确立了"先普查再系统调查、先农民认知后收集评价，农艺性状、环境状况和自然生态相结合综合记载"的种质资源普查工作路线。首次提出利用作物种质资源质量控制规范保证描述规范和数据规范可靠性、可比性和有效性的创新技术思路，首创了3 824个作物种质资源技术指标，系统集成了1 793个技术指标，统一规范了9 436个技术指标，系统研制了110种作物种质资源数据质量控制规范、描述规范和数据规范，创建了作物种质资源科学分类、统一编目、统一描述的技术规范体系。提出了粮食和农业植物种质资源概念范畴和层次结构，查清了我国资源本底的物种多样性，建立了主要农作物变种、变型、生态型和基因型相结合的遗传多样性研究方法，阐明了110种作物地方品种本底的遗传多样性，并明确了其分布规律和富集程度，明析了我国主要农作物种质资源地理分布的特点和形成原因。在这一阶段，以西藏自治区农牧科学院农业研究所作物品种资源团队为代表，克服工作队伍新老交替等困难，积极参与和开展区内农作物种质资源工作，夯实基础、建设平台、提升能力，推动了西藏高原农作物种质资源工作持续进步。

（四）新时代整体推进全面突破阶段（2015年起）

随着《全国农作物种质资源保护与利用中长期发展规划（2015—2030）》（农种发〔2015〕2号）（以下简称《规划》）的发布，新时代作物种质资源收集保护工作跨入了新征程。为贯彻落实《规划》要求，在财政部支持下，农业部于2015年启动了"第三次全国农作物种质资源普查与收集行动"（以下简称"行动"），发布了《第三次全国农作物种质资源普查与收集行动实施方案》（农办种〔2015〕26号）（以下简称"行动方案"），行动方案的总体目标是完成全国2 228个农业县进行农作物种质资源全面普查，对其中665个县的农作物种质资源进行抢救性收集，计划收集各类作物种质资源10万份，繁殖保存7万份，建立农作物种质资源普查与收集数据库，为我国的物种资源保护增加新的内容、注入新的活力，为现代种业和特色农产品优势区建设提供数据和材料支撑。截至2019年，累计开展了18省（市、自治区）总计1 085个县的全面普查和234个县的系统调查，基本摸清了普查地区作物种质资源的基本情况、变化趋势等，抢救性收集各类作物种质资源5.4万份，进一步增强了我国作物种质资源的战略储备，有效填补了资源收集县域空白，同时也发掘一批具有优质、抗病、抗逆、特殊营养价值的古老、珍稀资源。2020年开始，将全面启动包括西藏在内的所有剩余省、市、自治区的资源普查工作。

由于受人力、物力、交通以及时间限制，西藏高海拔边境地区以及偏远高寒地区的作物种质资源考察征集仍不够全面和系统。国家重点研发计划"高海拔边境地区特色农牧业精准扶贫关键技术研究与示范专项"课题"高海拔边境地区青稞绿色增产增效关键技术研究与集成示范"于2018年启动了"特色农作物种质资源收集整理与精准鉴定"工作，通过2018—2019年对西藏高海拔边境地区11个县17个乡镇进行了农作物资源多样性系统考察与搜集，基本摸清其作物种质资源数量、分布及利用情况，对所有收集到的376份种质资源在拉萨进行了繁殖与田间鉴定。这项工作，不仅开创了针对西藏高原高海拔区域农作物的专项种质资源研究工作，奠定了（西藏）高原高海拔区域作物种质资源的基础，也为下一步全面落实前述行动方案，在西藏全区开展农作物种质资源普查、系统调查与征集工作探索了路径、积累了经验。

第二章　西藏青稞种质资源多样性与评价利用

　　青稞（裸大麦）喜凉，抗旱、耐逆性和生态适应强，富含β-葡聚糖等可溶性膳食纤维，是有效积温不足、自然生态恶劣、不具备蒸煮条件和缺少蔬菜等膳食纤维来源的青藏高原地区藏族同胞赖以生存和繁衍的第一大主粮作物和主要经济作物。青稞安全是国家粮食安全的重要组成部分。青稞是西藏高原长期"人—作物—环境"这一大系统协同进化的结果，是西藏高原藏民族传统农耕文化的象征和重要载体，"青稞文化"贯穿于社会生活的方方面面，凡岁时节庆、新居乔迁、婚丧嫁娶、宗教祭祀等活动都少不了青稞制品。

　　西藏的青稞种植区域极其广泛，但主产区在农牧混合区（传统上西藏并不存在单纯的种植区）。凡青稞种植区，其种植面积一般占当地农作物生产规模的60%，有的地区甚至超过80%。所收获的青稞籽粒除食用外，余下用作饲料；所收获的青稞秸秆全部用作饲草饲喂牛羊。传统上，西藏的农牧混合区，以糌粑为主食，辅以少量牛乳制品，用青稞秸秆饲喂役牛、奶牛，以晒干的牛粪为燃料，实践着最清洁环保的"生产—生活—生态"农业循环系统和生活消费方式。

　　西藏是世界公认的裸大麦资源最丰富的地区之一。除西藏昌都地区有少量皮大麦分布外，整个区域以六棱青稞（裸大麦）为主，其多样性占根据形态学分类的大麦变种总数的一半以上。截至2019年年底，我国国家种质库中长期保存编目的我国本土大麦种质资源1.3万份，其中6 600份来源于西藏，占比近51%。与我国其他地区相比，西藏青稞地方品种中，穗和粒色的深色型比例较高，特别是深色籽粒类型比例更高，占西藏青稞地方品种总数的近70%；以窄护颖齿芒类型为主，且芒和壳色变异类型十分丰富；西藏青稞分布区域垂直海拔580～4 750m，多数具有早熟、耐旱、耐寒、耐瘠薄等显著优点，部分品种耐低温特性突出，可以在无霜期仅有40d甚至是无绝对无霜期的高寒地区成熟，其中海拔4 750m的日喀则地区岗巴县吉汝村种植的青稞农家品种"工巴娄紫""工巴娄蓝"，是目前世界上海拔分布最高、耐寒性突出的春青稞品种。

西藏青稞资源，特别是特有的半野生资源是开展大麦起源、传播、驯化、高原适应性研究以及育种的珍贵遗传材料。考古学研究发现，西藏日喀则地区拉孜县廓雄遗址和山南贡嘎县昌果沟遗址均发现距今3 400~3 200年的青稞碳化颗粒，多点证实青稞在西藏已有近3 500年的栽培历史。20世纪80年代，徐廷文、邵启全、郭本照、马得泉、顾茂芝、吴淑宝等一批老一辈科学家对青稞起源、分类等开展了基于植物分类学的系统研究，提出我国青藏高原很有可能是中国栽培大麦和世界栽培大麦的起源中心之一。受限于当时的研究条件，根据表型变异多样性和系统分类研究而得出的这一结论，在较长时期都存在争议。随着基因组学技术手段的迅猛发展，大麦起源演化研究也进入了基因组学时代。2015年，西藏自治区农牧科学院在首次完成青稞品种拉萨勾芒的基因组框架图的绘制，为青稞遗传研究提供了较为完整的基因组信息；2018年，利用西藏半野生大麦、地方品种以及育成品种开展重测序研究，基本明确大麦在距今3 500~4 000年前传入青藏高原，在复杂多样的生态条件下，经长期的自然和人工选择，演化形成独特的青稞高原青藏类群。这一研究结果提醒我们，青藏高原丰富多样的生态环境，可能成为今后人类应对全球气候变化战略中作物种质资源在地和迁地保存的最佳地点之一。

在农作物种质资源研究工作中，除在考察过程中深入了解种质资源与社会、环境协同进化的关系外，还需要对初步发现的优良品种开展进一步的科学评价鉴定，方可作为优异资源加以利用。在本项工作实施过程中，根据《大麦种质资源描述规范》，对所收集的278份青稞在拉萨市进行繁殖的同时，进行了系统的鉴定评价，初步鉴定筛选出BJX266、BJX079、BJX197等10份高千粒重，BJX110、BJX115、BJX001等35份苗期高抗白粉病，BJX131、BJX148、BJX140等26份高抗蚜虫，BJX100、BJX099、BJX190等10份抗倒的高产、绿色、宜机收青稞资源；用简化基因组测序分析技术，对这些资源进行了高密度的SNP标记基因型鉴定，并利用其中的78个非冗余标记建立了青稞指纹图谱条码系统。研究工作还精准测定了所有青稞资源的淀粉、蛋白质、纤维素、木质素、氨基酸、β-葡聚糖等6项主要品质性状以及微量元素（Se，Cu，Fe，Zn）、γ-氨基丁酸、维生素（B_1、B_2、B_6、E）等营养保健因子，从中鉴定出BJX149高粗蛋白，BJX014、BJX013、BJX152高氨基酸，BJX169高淀粉、

BJX046、BJX008、BJX015高微量元素，BJX254、BJX238、BJX092高纤维素，BJX273、BJX264高木质素等一批优质特色青稞优质资源。

本书汇总了210份通过搜集与引进的种质资源相关数据与信息。

第三章　青稞种质资源观测数据标准及检测方法

一、表型观察及测量方法

（一）幼苗叶片颜色

幼苗期在正常的晴天，以整个小区为观察对象进行目测鉴定，对照标准比色板确定叶片颜色。

1. 淡绿（叶色较浅，绿中带黄）

2. 绿（叶片颜色为普通绿色）

3. 深绿（叶色较深，呈墨绿色和青绿色）

（二）叶耳颜色

抽穗前，在光照正常的晴天，观察每个种质资源植株主茎的叶耳颜色，对照标准比色板确定种质资源的叶耳颜色。

1. 白

2. 绿

3. 红

4. 紫

（三）株高

成熟后，从每个小区随机拔取10株样本，用直尺分别测量每株茎基部到穗顶的高度，不含芒，单位为厘米（cm），取平均值。

（四）株型

抽穗后，选择无风日，以整个小区为观察对象进行目测鉴定，根据观察结果和下列标准确定种质资源的株型。

1. 紧凑（叶片直立向上，分蘖与主茎之间紧密）

2. 半紧凑（叶片较直立，主蘖与主茎之间比较紧密）

3. 松散（叶片平展或下垂，主蘖和主茎之间松散）

（五）第二节间茎秆直径

成熟后从小区内随机取10株样本，每株取主茎用游标卡尺直接测量地上第二节间中部直径，单位为毫米（mm），取平均值。

（六）全生育期

从播种之日至成熟之日的天数，单位为天（d）。

（七）单株穗数

成熟后，从每个小区随机拔取10株样本为观察对象，分别记取每株的穗数（包括未结实穗），取平均值，单位为穗。

（八）穗姿

成熟期，以整个小区为调查对象进行目测鉴定，观察穗子在茎秆上的着生姿态（图3-1）。

1. 直立
2. 水平
3. 下垂

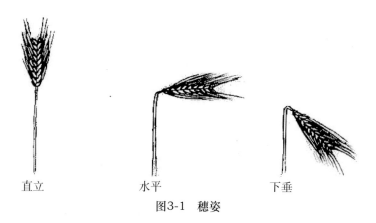

直立   水平   下垂

图3-1 穗姿

（九）棱型

抽穗灌浆后至成熟收获前，以整个小区的植株为观察对象进行田间目测鉴定；或者随机抽取10株样本为对象进行室内鉴定，根据观察结果可分为以下类型（图3-2）。

1. 二棱（仅中列小穗可育结实）
2. 中间型（中列小穗全部可育结实，侧列小穗部分可育结实）
3. 六棱（三联小穗全部可育结实）

二棱　　　　　　　　　六棱

图3-2　棱型

（十）穗和芒色

成熟至收获前，以整个小区的植株为观察对象，目测鉴定根据观察结果，与标准比色卡进行比较来确定青稞种质的穗和芒色。

1.黄（白）

2.灰

3.紫（红）

4.褐（红褐、黑褐）

5.黑

（十一）穗长

成熟前，随机抽取10～20个有代表性的穗子，在田间分别测量从穗轴基部至穗顶部的长度（不含芒），单位为厘米（cm），取平均值。

（十二）每穗粒数

成熟后从小区内随机取10株样本，在样本中取10个具有代表性的穗子分别脱粒计数，取平均值。

（十三）芒型

抽穗至成熟前，以整个小区的植株为调查对象，田间目测穗子中列和侧列小穗芒的长度和形状；或者随机抽取10株样本进行室内观察，按照下列标准进行分类（图3-3）。

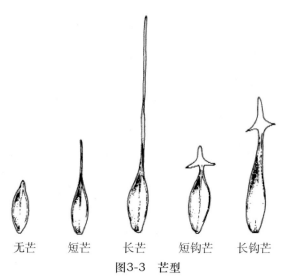

无芒　短芒　长芒　短钩芒　长钩芒

图3-3 芒型

等级	名称	标准
0	无芒	颖壳上无芒状物
1	微芒	芒长短于1cm
2	短芒	芒长短于穗轴的长度
3	等穗芒	芒长等于穗轴的长度
4	长芒	芒长超过穗长的长度
5	中长侧无芒	中列小穗的芒长超过穗轴长度，侧列小穗颖壳上无芒状物
6	中长侧微芒	中列小穗的芒长超过穗轴长度，侧列小穗的芒长短于1cm
7	中长侧短芒	中列小穗的芒长超过穗轴长度，侧列小穗的芒长短于穗轴长度
8	中短侧无芒	中列小穗的芒长短于穗轴的长度，侧列小穗颖壳上无芒状物
9	中微侧无芒	中列小穗的芒长短于1cm，侧列小穗颖壳上无芒状物
10	无颈钩芒	芒程戴帽三叉钩状，外颖顶端紧连钩状体
11	短钩芒	芒程戴帽三叉钩状，外颖顶端与钩状体之间短于1cm
12	长钩芒	芒程戴帽三叉钩状，外颖顶端与钩状体之间长于1cm
13	中长钩侧短钩芒	中列小穗的戴帽三叉钩状芒长于1cm，侧列小穗的戴帽三叉钩状芒颈长短于1cm

等级	名称	标准
14	中钩芒侧微芒	中列小穗为戴帽三叉钩状芒，侧列小穗微芒
15	中钩侧无芒	中列小穗为戴帽三叉钩状芒，侧列小穗无芒

（十四）芒性

每小区随机抽取10～20个穗子，先用左右食指和拇指紧捏芒尖，再用右手食指和拇指将芒轻轻捏住，并在芒上部1/2长度内沿芒上下拉动，根据有无锯齿感，确定齿芒或光芒（图3-4）。

1.齿芒（表面不光滑，有锯齿感）

2.光芒（表面光滑，无锯齿感）

光芒　　　　　齿芒

图3-4　芒性

（十五）带壳性

成熟后，按小区收获，充分晒干后进行脱粒，根据颖壳是否与籽粒脱粒来确定带壳性（图3-5）。

1.皮（籽粒与颖壳在一起，脱粒后种子带壳）

2.裸（籽粒与颖壳脱粒，脱粒后种子不带壳）

皮大麦　　　　裸大麦

图3-5　带壳性

（十六）籽粒颜色

材料成熟后，按小区收获，充分晒干，脱粒后与标准比色卡比对，确定种质资源籽粒的颜色。

1. 黄（白）

2. 蓝

3. 紫（红）

4. 褐（红褐、黑褐）

5. 黑

（十七）籽粒形状

按照小区，随机抽取脱粒的少量籽粒，室内目测鉴定（图3-6）。

1. 长圆形

2. 卵圆形

3. 椭圆形

4. 圆形

长圆形　　　　卵圆形　　　　椭圆形　　　　圆形

图3-6　籽粒形状

（十八）千粒重

随机取脱粒风干后的籽粒，去除杂质，数2份1 000粒完整籽粒样品。用天平称量，单位克（g），精确到0.1g。当2份样品种量相差不超过1g时，取平均值，若超过1g，再取1份样品，取3份样品的平均值。

二、理化品质指标测定内容和方法

本书中对所有材料理化品质指标的测定内容和方法如表3-1所示。

表3-1 理化品质指标测试内容和方法

测定内容	测定方法
淀粉	蒽酮比色法
蛋白质	凯氏定氮仪
纤维素	氧化还原反应滴定法
木质素	氧化还原反应滴定
Se、Cu、Fe、Zn	ICP-OES
氨基酸	茚三酮显色法
β-葡聚糖	刚果红比色法
γ-氨基丁酸	比色法
VB_1、VB_2、VB_6、VE	酶联免疫法

注：本书所有表格中VB_1代表维生素B_1，VB_2代表维生素B_2，VB_6代表维生素B_6，VE代表维生素E

三、DNA指纹条码构建说明

通过对高通量测序获得的简化基因组测序结果与大麦参考基因组的比对分析，按照测序深度不少于2、确实率小于50%、最小等位变异频率大于1%为阈值进行筛选，共获得437 965个SNP。从中进一步挑选出缺失率不超过5%的纯合SNP位点4 392个。按照标记在所有染色体大致均匀分布，优先选择所有样本均无缺失位点的原则，最终挑选出78个非冗余标记（其中1H染色体12个，2H染色体11个，3H染色体18个，4H染色体11个，5H染色体11个，6H染色体8个，7H染色体7个），构建了青稞DNA指纹条码。

DNA条形码包含两部分：（1）DNA指纹彩色条形码：对应78个标记组合的基因型，其中橙色表示腺嘌呤A，蓝色表示胸腺嘧啶T，紫色表示胞嘧啶C，绿色表示鸟嘌呤G，灰色表示缺失；（2）DNA指纹二维码：包含样本名称和序列信息的。

日喀则市定结县青稞资源简介

BJX047

一、原产地： 西藏定结

二、国家统一编号： ZDM05640

三、形态特征及生物学特性

幼苗叶片、叶耳均为绿色。株高96.4cm，紧凑株型，第二茎秆直径4.71mm。全生育期为116d，单株穗数为8.0穗，穗姿水平、六棱，穗和芒色为紫色，穗长7.2cm，每穗57.4粒。长芒、光芒，裸粒，粒呈紫色、椭圆形，千粒重为39.83g。

四、品质检测结果

项目	数值	项目	数值	项目	数值
蛋白质（%）	14.77	VB$_6$（mg/kg）	42.33	丙氨酸（mg/g）	3.59
淀粉（%）	56.66	VE（mg/kg）	204.69	精氨酸（mg/g）	4.32
纤维素（%）	16.65	脯氨酸（mg/g）	11.14	苏氨酸（mg/g）	3.08
木质素（%）	15.15	赖氨酸（mg/g）	2.10	甘氨酸（mg/g）	4.03
Ca（mg/kg）	1550.55	亮氨酸（mg/g）	5.37	组氨酸（mg/g）	0.39
Zn（mg/kg）	75.69	异亮氨酸（mg/g）	2.76	丝氨酸（mg/g）	3.29
Fe（mg/kg）	117.08	苯丙氨酸（mg/g）	3.67	谷氨酸（mg/g）	18.47
P（mg/kg）	8025.14	甲硫氨酸（mg/g）	0.65	天冬氨酸（mg/g）	3.97
Se（mg/kg）	2.114	缬氨酸（mg/g）	0.54	γ-氨基丁酸（mg/g）	3.910
VB$_1$（mg/kg）	401.92	胱氨酸（mg/g）	5.03	β-葡聚糖（mg/g）	18.03
VB$_2$（mg/kg）	194.16	酪氨酸（mg/g）	2.31		

五、DNA指纹条形码

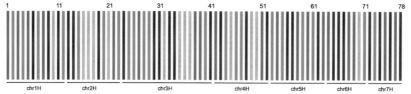

六、附图

田间整体图片

田间穗部图片

籽粒图片

穗部图片

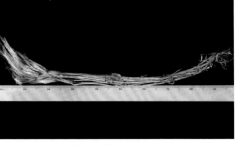

成熟期整株图片

BJX048

一、原产地：西藏定结

二、国家统一编号：ZDM05641

三、形态特征及生物学特性

幼苗叶片、叶耳均为绿色。株高93.6cm，紧凑株型，第二茎秆直径3.56mm。全生育期为116d，单株穗数为6.4穗，穗姿水平、六棱，穗和芒色为紫色，旗叶紫色，穗长6.0cm，每穗56.6粒。长芒、光芒，裸粒，粒呈紫色、椭圆形，千粒重为49.38g。

四、品质检测结果

项目	数值	项目	数值	项目	数值
蛋白质（%）	14.55	VB$_6$（mg/kg）	43.13	丙氨酸（mg/g）	3.44
淀粉（%）	61.06	VE（mg/kg）	178.34	精氨酸（mg/g）	3.97
纤维素（%）	17.04	脯氨酸（mg/g）	7.25	苏氨酸（mg/g）	2.84
木质素（%）	15.40	赖氨酸（mg/g）	1.96	甘氨酸（mg/g）	3.71
Ca（mg/kg）	1276.03	亮氨酸（mg/g）	4.95	组氨酸（mg/g）	0.24
Zn（mg/kg）	55.45	异亮氨酸（mg/g）	2.64	丝氨酸（mg/g）	3.18
Fe（mg/kg）	94.92	苯丙氨酸（mg/g）	3.74	谷氨酸（mg/g）	18.06
P（mg/kg）	6309.93	甲硫氨酸（mg/g）	0.73	天冬氨酸（mg/g）	4.28
Se（mg/kg）	7.034	缬氨酸（mg/g）	0.39	γ-氨基丁酸（mg/g）	3.738
VB$_1$（mg/kg）	387.42	胱氨酸（mg/g）	3.92	β-葡聚糖（mg/g）	20.05
VB$_2$（mg/kg）	203.23	酪氨酸（mg/g）	2.02		

五、DNA指纹条形码

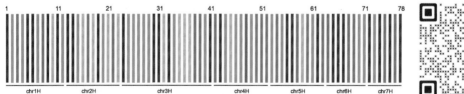

六、附图

田间整体图片

田间穗部图片

籽粒图片

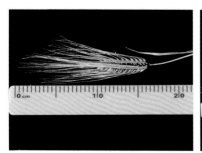

穗部图片

成熟期整株图片

BJX049

一、原产地：西藏定结

二、国家统一编号：ZDM05643

三、形态特征及生物学特性

幼苗叶片、叶耳均为绿色。株高94.4cm，紧凑株型，第二茎秆直径3.47mm。全生育期为105d，单株穗数为7.2穗，穗姿下垂、六棱，穗和芒色为黑色，穗长7.0cm，每穗59.8粒。长芒、光芒，裸粒，粒呈褐色、椭圆形，千粒重为43.19g。

四、品质检测结果

项目	数值	项目	数值	项目	数值
蛋白质（%）	14.56	VB_6（mg/kg）	62.04	丙氨酸（mg/g）	3.94
淀粉（%）	55.73	VE（mg/kg）	239.33	精氨酸（mg/g）	8.13
纤维素（%）	18.38	脯氨酸（mg/g）	5.35	苏氨酸（mg/g）	0.55
木质素（%）	14.54	赖氨酸（mg/g）	2.51	甘氨酸（mg/g）	3.11
Ca（mg/kg）	1250.11	亮氨酸（mg/g）	5.64	组氨酸（mg/g）	13.11
Zn（mg/kg）	56.09	异亮氨酸（mg/g）	4.54	丝氨酸（mg/g）	3.18
Fe（mg/kg）	133.61	苯丙氨酸（mg/g）	6.37	谷氨酸（mg/g）	17.65
P（mg/kg）	6543.55	甲硫氨酸（mg/g）	1.14	天冬氨酸（mg/g）	7.89
Se（mg/kg）	2.743	缬氨酸（mg/g）	0.73	γ-氨基丁酸（mg/g）	3.562
VB_1（mg/kg）	450.42	胱氨酸（mg/g）	4.76	β-葡聚糖（mg/g）	18.52
VB_2（mg/kg）	222.71	酪氨酸（mg/g）	3.56		

五、DNA指纹条形码

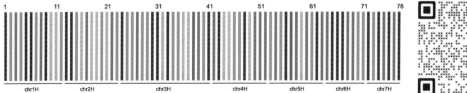 

六、附图

田间整体图片

田间穗部图片

籽粒图片

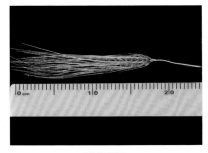

穗部图片

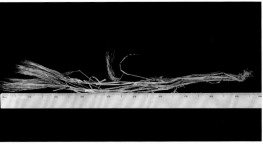

成熟期整株图片

BJX061

一、原产地：西藏定结

二、国家统一编号：ZDM05934

三、形态特征及生物学特性

幼苗叶片、叶耳均为绿色。株高91.7cm，中等株型，第二茎秆直径3.51mm。全生育期为93d，单株穗数为6.7穗，穗姿下垂、六棱，穗和芒色为黄色，穗长6.3cm，每穗55.7粒。长芒、光芒，裸粒，粒呈褐色、椭圆形，千粒重为33.91g。

四、品质检测结果

项目	数值	项目	数值	项目	数值
蛋白质（%）	13.90	VB$_6$（mg/kg）	47.86	丙氨酸（mg/g）	2.41
淀粉（%）	66.71	VE（mg/kg）	239.08	精氨酸（mg/g）	2.56
纤维素（%）	11.44	脯氨酸（mg/g）	5.42	苏氨酸（mg/g）	2.19
木质素（%）	14.47	赖氨酸（mg/g）	3.59	甘氨酸（mg/g）	2.71
Ca（mg/kg）	1040.20	亮氨酸（mg/g）	4.13	组氨酸（mg/g）	0.65
Zn（mg/kg）	36.59	异亮氨酸（mg/g）	1.94	丝氨酸（mg/g）	2.34
Fe（mg/kg）	77.27	苯丙氨酸（mg/g）	3.32	谷氨酸（mg/g）	16.69
P（mg/kg）	3199.33	甲硫氨酸（mg/g）	0.50	天冬氨酸（mg/g）	2.80
Se（mg/kg）	0.138	缬氨酸（mg/g）	0.35	γ-氨基丁酸（mg/g）	3.239
VB$_1$（mg/kg）	480.02	胱氨酸（mg/g）	2.18	β-葡聚糖（mg/g）	13.96
VB$_2$（mg/kg）	224.01	酪氨酸（mg/g）	1.70		

五、DNA指纹条形码

六、附图

田间整体图片

田间穗部图片

籽粒图片

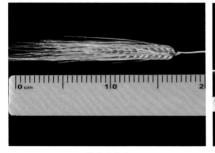

穗部图片

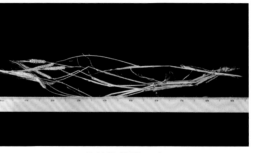

成熟期整株图片

BJX062

一、原产地：西藏定结

二、国家统一编号：ZDM05945

三、形态特征及生物学特性

幼苗叶片、叶耳均为绿色。株高101.4cm，中等株型，第二茎秆直径4.31mm。全生育期为98d，单株穗数为5.6穗，穗姿下垂、六棱，穗和芒色为黄色、紫色，穗长7.8cm，每穗63.4粒。长芒、光芒，裸粒，粒呈褐色、椭圆形，千粒重为50.07g。

四、品质检测结果

项目	数值	项目	数值	项目	数值
蛋白质（%）	14.80	VB$_6$（mg/kg）	61.05	丙氨酸（mg/g）	4.59
淀粉（%）	61.39	VE（mg/kg）	230.73	精氨酸（mg/g）	3.99
纤维素（%）	16.95	脯氨酸（mg/g）	2.52	苏氨酸（mg/g）	1.67
木质素（%）	15.28	赖氨酸（mg/g）	1.75	甘氨酸（mg/g）	1.62
Ca（mg/kg）	1 115.42	亮氨酸（mg/g）	4.88	组氨酸（mg/g）	0.51
Zn（mg/kg）	57.20	异亮氨酸（mg/g）	2.61	丝氨酸（mg/g）	0.86
Fe（mg/kg）	128.96	苯丙氨酸（mg/g）	3.81	谷氨酸（mg/g）	13.00
P（mg/kg）	6 945.86	甲硫氨酸（mg/g）	0.22	天冬氨酸（mg/g）	3.24
Se（mg/kg）	0.225	缬氨酸（mg/g）	0.13	γ-氨基丁酸（mg/g）	3.748
VB$_1$（mg/kg）	371.00	胱氨酸（mg/g）	3.33	β-葡聚糖（mg/g）	20.73
VB$_2$（mg/kg）	242.62	酪氨酸（mg/g）	1.68		

五、DNA指纹条形码

六、附图

田间整体图片

田间穗部图片

籽粒图片

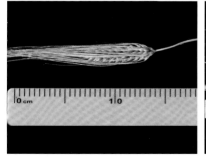

穗部图片

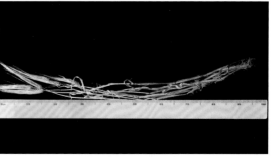

成熟期整株图片

BJX068

一、原产地：西藏定结

二、国家统一编号：ZDM06031

三、形态特征及生物学特性

幼苗叶片、叶耳均为绿色。株高117.5cm，紧凑株型，第二茎秆直径3.18mm。全生育期为129d，单株穗数为7.0穗，穗姿下垂、六棱，穗和芒色为黄色，穗长9.5cm，每穗57.0粒。长芒、光芒，裸粒，粒呈黄色、长圆形，千粒重为43.78g。

四、品质检测结果

项目	数值	项目	数值	项目	数值
蛋白质（%）	12.46	VB$_6$（mg/kg）	42.33	丙氨酸（mg/g）	2.72
淀粉（%）	68.38	VE（mg/kg）	230.05	精氨酸（mg/g）	2.63
纤维素（%）	24.16	脯氨酸（mg/g）	11.52	苏氨酸（mg/g）	2.07
木质素（%）	12.26	赖氨酸（mg/g）	1.97	甘氨酸（mg/g）	2.79
Ca（mg/kg）	1556.90	亮氨酸（mg/g）	3.89	组氨酸（mg/g）	0.31
Zn（mg/kg）	43.25	异亮氨酸（mg/g）	1.90	丝氨酸（mg/g）	2.16
Fe（mg/kg）	132.27	苯丙氨酸（mg/g）	2.63	谷氨酸（mg/g）	14.53
P（mg/kg）	4696.51	甲硫氨酸（mg/g）	0.15	天冬氨酸（mg/g）	3.49
Se（mg/kg）	0.03	缬氨酸（mg/g）	0.10	γ-氨基丁酸（mg/g）	4.09
VB$_1$（mg/kg）	367.98	胱氨酸（mg/g）	2.60	β-葡聚糖（mg/g）	16.27
VB$_2$（mg/kg）	220.51	酪氨酸（mg/g）	1.56		

五、附图

田间整体图片

田间穗部图片

籽粒图片

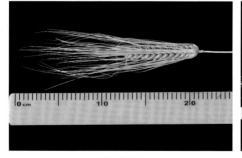

穗部图片

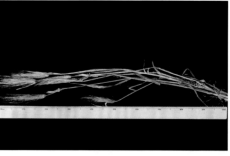

成熟期整株图片

BJX076

一、原产地：西藏定结

二、国家统一编号：ZDM06259

三、形态特征及生物学特性

幼苗叶片、叶耳均为绿色。株高105.4cm，紧凑株型，第二茎秆直径4.77mm。全生育期为98d，单株穗数为7.4穗，穗姿水平、六棱，穗和芒色为黄色，穗长7.0cm，每穗61.6粒。长芒、光芒，裸粒，粒呈褐色、椭圆形，千粒重为42.76g。

四、品质检测结果

项目	数值	项目	数值	项目	数值
蛋白质（%）	16.87	VB$_6$（mg/kg）	53.45	丙氨酸（mg/g）	2.88
淀粉（%）	61.00	VE（mg/kg）	220.55	精氨酸（mg/g）	3.27
纤维素（%）	13.36	脯氨酸（mg/g）	1.90	苏氨酸（mg/g）	2.72
木质素（%）	12.36	赖氨酸（mg/g）	2.09	甘氨酸（mg/g）	3.14
Ca（mg/kg）	1073.29	亮氨酸（mg/g）	4.82	组氨酸（mg/g）	0.51
Zn（mg/kg）	61.93	异亮氨酸（mg/g）	2.67	丝氨酸（mg/g）	2.83
Fe（mg/kg）	151.67	苯丙氨酸（mg/g）	4.01	谷氨酸（mg/g）	21.31
P（mg/kg）	5657.96	甲硫氨酸（mg/g）	0.26	天冬氨酸（mg/g）	3.79
Se（mg/kg）	0.798	缬氨酸（mg/g）	0.11	γ-氨基丁酸（mg/g）	5.225
VB$_1$（mg/kg）	478.54	胱氨酸（mg/g）	2.80	β-葡聚糖（mg/g）	18.33
VB$_2$（mg/kg）	272.25	酪氨酸（mg/g）	2.05		

五、DNA指纹条形码

六、附图

田间整体图片

田间穗部图片

籽粒图片

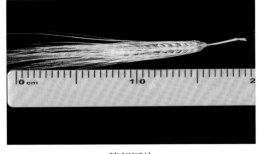

穗部图片

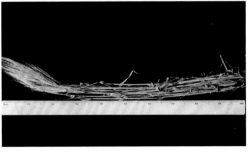

成熟期整株图片

BJX088

一、原产地：西藏定结

二、国家统一编号：ZDM06483

二、形态特征及生物学特性

幼苗叶片、叶耳均为绿色。株高101.2cm，松散株型，第二茎秆直径4.49mm。全生育期为97d，单株穗数为3.8穗，穗姿下垂、六棱，穗和芒色为黄色，穗长7.8cm，每穗52.6粒。长芒、光芒，裸粒，粒呈黄色、椭圆形，千粒重为35.59g。

四、品质检测结果

项目	数值	项目	数值	项目	数值
蛋白质（%）	16.21	VB$_6$（mg/kg）	68.13	丙氨酸（mg/g）	3.62
淀粉（%）	64.25	VE（mg/kg）	264.05	精氨酸（mg/g）	4.68
纤维素（%）	17.90	脯氨酸（mg/g）	7.84	苏氨酸（mg/g）	3.63
木质素（%）	12.98	赖氨酸（mg/g）	3.13	甘氨酸（mg/g）	3.56
Ca（mg/kg）	1033.69	亮氨酸（mg/g）	6.80	组氨酸（mg/g）	0.59
Zn（mg/kg）	42.22	异亮氨酸（mg/g）	3.77	丝氨酸（mg/g）	3.69
Fe（mg/kg）	108.21	苯丙氨酸（mg/g）	5.97	谷氨酸（mg/g）	28.70
P（mg/kg）	4104.75	甲硫氨酸（mg/g）	0.37	天冬氨酸（mg/g）	5.04
Se（mg/kg）	1.666	缬氨酸（mg/g）	0.56	γ-氨基丁酸（mg/g）	3.821
VB$_1$（mg/kg）	826.90	胱氨酸（mg/g）	5.68	β-葡聚糖（mg/g）	16.94
VB$_2$（mg/kg）	293.65	酪氨酸（mg/g）	3.05		

五、DNA指纹条形码

chr1H　　chr2H　　chr3H　　chr4H　　chr5H　　chr6H　　chr7H

六、附图

田间整体图片

田间穗部图片

籽粒图片

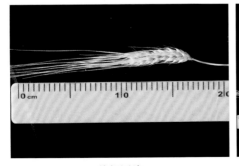

穗部图片

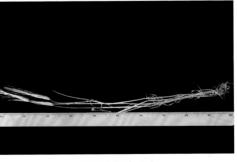

成熟期整株图片

BJX089

一、原产地： 西藏定结

二、国家统一编号： ZDM06485

三、形态特征及生物学特性

幼苗叶片、叶耳均为绿色。株高100.4cm，紧凑株型，第二茎秆直径3.63mm。全生育期为114d，单株穗数为6.2穗，穗姿下垂、六棱，穗和芒色为紫黑色，穗长7.2cm，每穗55.0粒。长芒、光芒，裸粒，粒呈紫色、椭圆形，千粒重为45.32g。

四、品质检测结果

项目	数值	项目	数值	项目	数值
蛋白质（%）	10.15	VB$_6$（mg/kg）	56.09	丙氨酸（mg/g）	2.40
淀粉（%）	66.47	VE（mg/kg）	293.46	精氨酸（mg/g）	2.47
纤维素（%）	18.57	脯氨酸（mg/g）	2.37	苏氨酸（mg/g）	2.30
木质素（%）	10.67	赖氨酸（mg/g）	2.18	甘氨酸（mg/g）	2.49
Ca（mg/kg）	915.70	亮氨酸（mg/g）	3.74	组氨酸（mg/g）	0.29
Zn（mg/kg）	32.51	异亮氨酸（mg/g）	2.07	丝氨酸（mg/g）	2.42
Fe（mg/kg）	161.13	苯丙氨酸（mg/g）	2.69	谷氨酸（mg/g）	13.83
P（mg/kg）	3412.81	甲硫氨酸（mg/g）	0.30	天冬氨酸（mg/g）	4.37
Se（mg/kg）	5.082	缬氨酸（mg/g）	0.12	γ-氨基丁酸（mg/g）	2.905
VB$_1$（mg/kg）	774.85	胱氨酸（mg/g）	1.56	β-葡聚糖（mg/g）	17.11
VB$_2$（mg/kg）	328.21	酪氨酸（mg/g）	1.32		

五、DNA指纹条形码

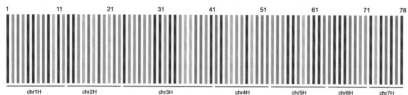

六、附图

田间整体图片

田间穗部图片

籽粒图片

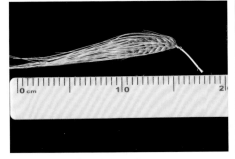

穗部图片

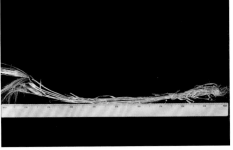

成熟期整株图片

BJX090

一、原产地：西藏定结

二、国家统一编号：ZDM06486

三、形态特征及生物学特性

幼苗叶片、叶耳均为绿色。株高96.6cm，中等株型，第二茎秆直径5.06mm。全生育期为97d，单株穗数为8.2穗，穗姿水平、六棱，穗和芒色为黄色、黑色，穗长7.2cm，每穗69.3粒。长芒、光芒，裸粒，粒呈蓝色、长圆形，千粒重为41.90g。

四、品质检测结果

项目	数值	项目	数值	项目	数值
蛋白质（%）	9.41	VB₆（mg/kg）	49.07	丙氨酸（mg/g）	2.75
淀粉（%）	67.99	VE（mg/kg）	215.58	精氨酸（mg/g）	3.21
纤维素（%）	14.96	脯氨酸（mg/g）	5.07	苏氨酸（mg/g）	2.26
木质素（%）	5.43	赖氨酸（mg/g）	3.35	甘氨酸（mg/g）	2.90
Ca（mg/kg）	1085.10	亮氨酸（mg/g）	4.40	组氨酸（mg/g）	0.70
Zn（mg/kg）	37.88	异亮氨酸（mg/g）	2.19	丝氨酸（mg/g）	2.39
Fe（mg/kg）	156.17	苯丙氨酸（mg/g）	2.88	谷氨酸（mg/g）	15.53
P（mg/kg）	4267.09	甲硫氨酸（mg/g）	0.30	天冬氨酸（mg/g）	4.31
Se（mg/kg）	10.302	缬氨酸（mg/g）	0.16	γ-氨基丁酸（mg/g）	2.500
VB₁（mg/kg）	695.38	胱氨酸（mg/g）	2.71	β-葡聚糖（mg/g）	18.10
VB₂（mg/kg）	285.48	酪氨酸（mg/g）	1.64		

五、DNA指纹条形码

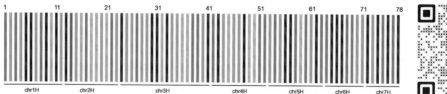

六、附图

田间整体图片

田间穗部图片

籽粒图片

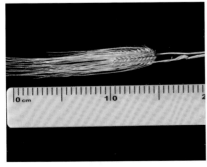

穗部图片

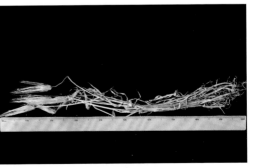

成熟期整株图片

BJX091

一、原产地：西藏定结

二、国家统一编号：ZDM06488

三、形态特征及生物学特性

幼苗叶片、叶耳均为绿色。株高82.8cm，紧凑株型，第二茎秆直径3.83mm。全生育期为97d，单株穗数为12.2穗，穗姿水平、六棱，穗和芒色为黄色，穗长7.4cm，每穗49.8粒。长芒、光芒，裸粒，粒呈黄色、椭圆形，千粒重为48.34g。

四、品质检测结果

项目	数值	项目	数值	项目	数值
蛋白质（%）	9.70	VB$_6$（mg/kg）	45.40	丙氨酸（mg/g）	2.17
淀粉（%）	63.98	VE（mg/kg）	241.97	精氨酸（mg/g）	2.31
纤维素（%）	16.86	脯氨酸（mg/g）	2.15	苏氨酸（mg/g）	1.96
木质素（%）	11.74	赖氨酸（mg/g）	2.07	甘氨酸（mg/g）	2.32
Ca（mg/kg）	882.42	亮氨酸（mg/g）	3.77	组氨酸（mg/g）	0.20
Zn（mg/kg）	37.57	异亮氨酸（mg/g）	2.03	丝氨酸（mg/g）	1.83
Fe（mg/kg）	81.86	苯丙氨酸（mg/g）	3.04	谷氨酸（mg/g）	12.18
P（mg/kg）	4093.23	甲硫氨酸（mg/g）	0.29	天冬氨酸（mg/g）	2.99
Se（mg/kg）	0.778	缬氨酸（mg/g）	0.07	γ-氨基丁酸（mg/g）	2.229
VB$_1$（mg/kg）	702.20	胱氨酸（mg/g）	2.21	β-葡聚糖（mg/g）	20.59
VB$_2$（mg/kg）	288.13	酪氨酸（mg/g）	1.58		

五、DNA指纹条形码

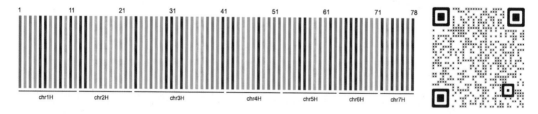

六、附图

田间整体图片

田间穗部图片

籽粒图片

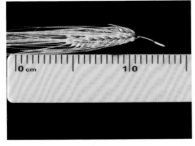

穗部图片

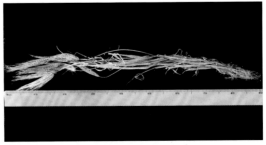

成熟期整株图片

BJX0104

一、原产地：西藏定结

二、国家统一编号：ZDM06793

三、形态特征及生物学特性

幼苗叶片、叶耳均为绿色。株高101.2cm，中等株型，第二茎秆直径3.51mm。全生育期为93d，单株穗数为3.8穗，穗姿下垂、六棱，穗和芒色为黄色，穗长7.4cm，每穗61.2粒。长芒、齿芒，裸粒，粒呈蓝色、椭圆形，千粒重为35.11g。

四、品质检测结果

项目	数值	项目	数值	项目	数值
蛋白质（%）	13.53	VB₆（mg/kg）	52.14	丙氨酸（mg/g）	4.09
淀粉（%）	68.93	VE（mg/kg）	250.02	精氨酸（mg/g）	4.53
纤维素（%）	19.17	脯氨酸（mg/g）	7.46	苏氨酸（mg/g）	3.38
木质素（%）	14.80	赖氨酸（mg/g）	3.18	甘氨酸（mg/g）	3.96
Ca（mg/kg）	969.87	亮氨酸（mg/g）	6.68	组氨酸（mg/g）	0.50
Zn（mg/kg）	42.39	异亮氨酸（mg/g）	3.47	丝氨酸（mg/g）	3.66
Fe（mg/kg）	131.26	苯丙氨酸（mg/g）	5.26	谷氨酸（mg/g）	26.02
P（mg/kg）	5188.97	甲硫氨酸（mg/g）	0.27	天冬氨酸（mg/g）	5.15
Se（mg/kg）	1.431	缬氨酸（mg/g）	1.43	γ-氨基丁酸（mg/g）	2.650
VB₁（mg/kg）	748.62	胱氨酸（mg/g）	4.98	β-葡聚糖（mg/g）	23.21
VB₂（mg/kg）	281.85	酪氨酸（mg/g）	2.99		

五、DNA指纹条形码

六、附图

田间整体图片

田间穗部图片

籽粒图片

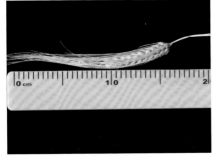

穗部图片

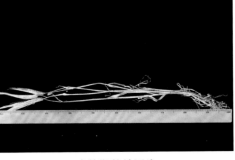

成熟期整株图片

BJX0105

一、原产地：西藏定结

二、国家统一编号：ZDM06796

三、形态特征及生物学特性

幼苗叶片、叶耳均为绿色。株高104.0cm，中等株型，第二茎秆直径3.81mm。全生育期为99d，单株穗数为10.3穗，穗姿下垂、六棱，穗和芒色为黄色，穗长9.3cm，每穗63.7粒。长芒、光芒，裸粒，粒呈蓝色、长圆形，千粒重为41.21g。

四、品质检测结果

项目	数值	项目	数值	项目	数值
蛋白质（%）	10.32	VB$_6$（mg/kg）	45.12	丙氨酸（mg/g）	2.98
淀粉（%）	64.58	VE（mg/kg）	269.42	精氨酸（mg/g）	3.14
纤维素（%）	21.57	脯氨酸（mg/g）	6.53	苏氨酸（mg/g）	2.76
木质素（%）	11.71	赖氨酸（mg/g）	3.06	甘氨酸（mg/g）	2.91
Ca（mg/kg）	1045.05	亮氨酸（mg/g）	5.15	组氨酸（mg/g）	0.44
Zn（mg/kg）	33.06	异亮氨酸（mg/g）	2.44	丝氨酸（mg/g）	2.99
Fe（mg/kg）	119.25	苯丙氨酸（mg/g）	3.61	谷氨酸（mg/g）	19.96
P（mg/kg）	3746.33	甲硫氨酸（mg/g）	0.95	天冬氨酸（mg/g）	4.34
Se（mg/kg）	8.778	缬氨酸（mg/g）	3.08	γ-氨基丁酸（mg/g）	1.917
VB$_1$（mg/kg）	761.04	胱氨酸（mg/g）	0.90	β-葡聚糖（mg/g）	20.48
VB$_2$（mg/kg）	248.04	酪氨酸（mg/g）	2.27		

五、DNA指纹条形码

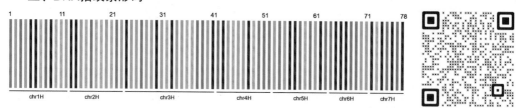

六、附图

田间整体图片

田间穗部图片

籽粒图片

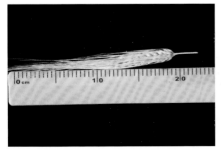

穗部图片

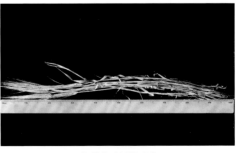

成熟期整株图片

BJX0106

一、原产地：西藏定结

二、国家统一编号：ZDM06799

三、形态特征及生物学特性

幼苗叶片、叶耳均为绿色。株高84.3cm，紧凑株型，第二茎秆直径2.23mm。全生育期为110d，单株穗数为5.3穗，穗姿下垂、六棱，穗和芒色为黄色，穗长6.3cm，每穗54.0粒。长芒、光芒，裸粒，粒呈褐色、椭圆形，千粒重为50.86g。

四、品质检测结果

项目	数值	项目	数值	项目	数值
蛋白质（%）	11.87	VB$_6$（mg/kg）	49.89	丙氨酸（mg/g）	3.42
淀粉（%）	67.33	VE（mg/kg）	270.48	精氨酸（mg/g）	3.86
纤维素（%）	22.81	脯氨酸（mg/g）	6.94	苏氨酸（mg/g）	1.93
木质素（%）	13.37	赖氨酸（mg/g）	2.39	甘氨酸（mg/g）	2.19
Ca（mg/kg）	1 158.62	亮氨酸（mg/g）	5.37	组氨酸（mg/g）	10.24
Zn（mg/kg）	49.34	异亮氨酸（mg/g）	2.53	丝氨酸（mg/g）	3.46
Fe（mg/kg）	151.72	苯丙氨酸（mg/g）	3.78	谷氨酸（mg/g）	20.63
P（mg/kg）	5 198.94	甲硫氨酸（mg/g）	0.28	天冬氨酸（mg/g）	2.76
Se（mg/kg）	2.138	缬氨酸（mg/g）	0.14	γ-氨基丁酸（mg/g）	3.408
VB$_1$（mg/kg）	693.40	胱氨酸（mg/g）	3.38	β-葡聚糖（mg/g）	23.00
VB$_2$（mg/kg）	251.75	酪氨酸（mg/g）	2.33		

五、DNA指纹条形码

六、附图

田间整体图片

田间穗部图片

籽粒图片

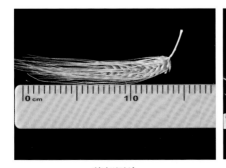

穗部图片

成熟期整株图片

BJX0108

一、原产地： 西藏定结

二、国家统一编号： ZDM06801

三、形态特征及生物学特性

幼苗叶片、叶耳均为绿色。株高84.3cm，中等株型，第二茎秆直径3.27mm。全生育期为99d，单株穗数为11.7穗，穗姿下垂、六棱，穗和芒色为黄色，穗长8.7cm，每穗65.0粒。长芒、光芒，裸粒，粒呈黄色、椭圆形，千粒重为28.04g。

四、品质检测结果

项目	数值	项目	数值	项目	数值
蛋白质（%）	13.23	VB$_6$（mg/kg）	44.79	丙氨酸（mg/g）	3.43
淀粉（%）	58.73	VE（mg/kg）	254.59	精氨酸（mg/g）	3.79
纤维素（%）	18.78	脯氨酸（mg/g）	8.85	苏氨酸（mg/g）	2.73
木质素（%）	16.94	赖氨酸（mg/g）	3.08	甘氨酸（mg/g）	3.23
Ca（mg/kg）	1047.98	亮氨酸（mg/g）	5.49	组氨酸（mg/g）	0.61
Zn（mg/kg）	47.98	异亮氨酸（mg/g）	2.77	丝氨酸（mg/g）	3.48
Fe（mg/kg）	126.64	苯丙氨酸（mg/g）	4.60	谷氨酸（mg/g）	22.65
P（mg/kg）	4958.60	甲硫氨酸（mg/g）	0.25	天冬氨酸（mg/g）	4.55
Se（mg/kg）	4.393	缬氨酸（mg/g）	0.33	γ-氨基丁酸（mg/g）	3.089
VB$_1$（mg/kg）	667.96	胱氨酸（mg/g）	3.31	β-葡聚糖（mg/g）	22.13
VB$_2$（mg/kg）	239.52	酪氨酸（mg/g）	2.52		

五、DNA指纹条形码

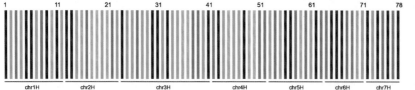

六、附图

田间整体图片

田间穗部图片

籽粒图片

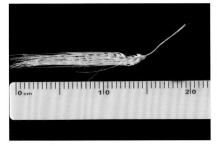

穗部图片

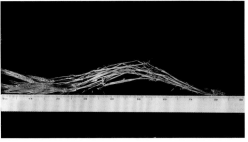

成熟期整株图片

BJX109

一、原产地：西藏定结

二、国家统一编号：ZDM06802

三、形态特征及生物学特性

幼苗叶片、叶耳均为绿色。株高94.0cm，紧凑株型，第二茎秆直径4.02mm。全生育期为98d，单株穗数为6.3穗，穗姿下垂、六棱，穗和芒色为黄色，穗长6.7cm，每穗58.0粒。长芒、光芒，裸粒，粒呈黄色、椭圆形，千粒重为49.09g。

四、品质检测结果

项目	数值	项目	数值	项目	数值
蛋白质（%）	12.70	VB$_6$（mg/kg）	50.70	丙氨酸（mg/g）	4.06
淀粉（%）	67.47	VE（mg/kg）	231.44	精氨酸（mg/g）	4.66
纤维素（%）	—	脯氨酸（mg/g）	13.11	苏氨酸（mg/g）	3.64
木质素（%）	—	赖氨酸（mg/g）	3.69	甘氨酸（mg/g）	4.17
Ca（mg/kg）	943.55	亮氨酸（mg/g）	7.19	组氨酸（mg/g）	1.24
Zn（mg/kg）	35.64	异亮氨酸（mg/g）	3.80	丝氨酸（mg/g）	4.47
Fe（mg/kg）	112.90	苯丙氨酸（mg/g）	6.04	谷氨酸（mg/g）	31.33
P（mg/kg）	3 740.89	甲硫氨酸（mg/g）	0.26	天冬氨酸（mg/g）	5.18
Se（mg/kg）	1.88	缬氨酸（mg/g）	0.61	γ - 氨基丁酸（mg/g）	2.39
VB$_1$（mg/kg）	676.26	胱氨酸（mg/g）	5.29	β - 葡聚糖（mg/g）	21.56
VB$_2$（mg/kg）	238.74	酪氨酸（mg/g）	3.13		

五、DNA指纹条形码

六、附图

田间整体图片

田间穗部图片

籽粒图片

穗部图片

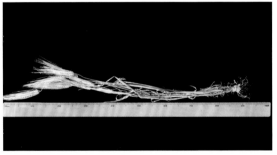

成熟期整株图片

BJX110

一、原产地：西藏定结

二、国家统一编号：ZDM06803

三、形态特征及生物学特性

幼苗叶片、叶耳均为绿色。株高96.2cm，中等株型，第二茎秆直径3.58mm。全生育期为97d，单株穗数为9.2穗，穗姿下垂、六棱，穗和芒色为黄色，穗长5.6cm，每穗46.0粒。长芒、光芒，裸粒，粒呈黄色、椭圆形，千粒重为40.76g。

四、品质检测结果

项目	数值	项目	数值	项目	数值
蛋白质（%）	8.60	VB_6（mg/kg）	52.02	丙氨酸（mg/g）	3.38
淀粉（%）	63.30	VE（mg/kg）	275.21	精氨酸（mg/g）	3.79
纤维素（%）	—	脯氨酸（mg/g）	6.97	苏氨酸（mg/g）	2.93
木质素（%）	—	赖氨酸（mg/g）	3.65	甘氨酸（mg/g）	3.46
Ca（mg/kg）	861.80	亮氨酸（mg/g）	5.66	组氨酸（mg/g）	0.80
Zn（mg/kg）	26.29	异亮氨酸（mg/g）	2.67	丝氨酸（mg/g）	3.65
Fe（mg/kg）	137.74	苯丙氨酸（mg/g）	4.02	谷氨酸（mg/g）	22.44
P（mg/kg）	2417.40	甲硫氨酸（mg/g）	0.27	天冬氨酸（mg/g）	5.42
Se（mg/kg）	0.83	缬氨酸（mg/g）	1.24	γ - 氨基丁酸（mg/g）	2.33
VB_1（mg/kg）	851.51	胱氨酸（mg/g）	4.40	β - 葡聚糖（mg/g）	19.58
VB_2（mg/kg）	222.91	酪氨酸（mg/g）	2.50		

五、DNA指纹条形码

六、附图

田间整体图片

田间穗部图片

籽粒图片

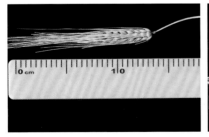

穗部图片

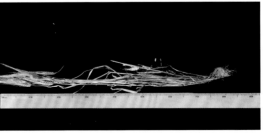

成熟期整株图片

BJX127

一、原产地：西藏定结

二、国家统一编号：ZDM06946

三、形态特征及生物学特性

幼苗叶片、叶耳均为绿色。株高92.2cm，紧凑株型，第二茎秆直径3.86mm。全生育期为112d，单株穗数为3.9穗，穗姿下垂、六棱，穗和芒色为黄色，穗长8.0cm，每穗61.8粒。长芒、光芒，裸粒，粒呈绿色、椭圆形，千粒重为41.78g。

四、品质检测结果

项目	数值	项目	数值	项目	数值
蛋白质（%）	10.68	VB$_6$（mg/kg）	48.92	丙氨酸（mg/g）	3.59
淀粉（%）	67.27	VE（mg/kg）	231.42	精氨酸（mg/g）	2.73
纤维素（%）	—	脯氨酸（mg/g）	0.96	苏氨酸（mg/g）	1.86
木质素（%）	—	赖氨酸（mg/g）	2.27	甘氨酸（mg/g）	3.45
Ca（mg/kg）	996.44	亮氨酸（mg/g）	5.54	组氨酸（mg/g）	0.13
Zn（mg/kg）	39.89	异亮氨酸（mg/g）	2.62	丝氨酸（mg/g）	3.71
Fe（mg/kg）	86.64	苯丙氨酸（mg/g）	4.08	谷氨酸（mg/g）	23.43
P（mg/kg）	4522.36	甲硫氨酸（mg/g）	0.28	天冬氨酸（mg/g）	5.42
Se（mg/kg）	0.43	缬氨酸（mg/g）	0.49	γ - 氨基丁酸（mg/g）	2.71
VB$_1$（mg/kg）	734.66	胱氨酸（mg/g）	1.53	β - 葡聚糖（mg/g）	19.50
VB$_2$（mg/kg）	269.23	酪氨酸（mg/g）	2.68		

五、DNA指纹条形码

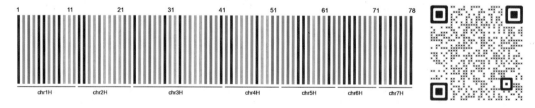

六、附图

田间整体图片

田间穗部图片

籽粒图片

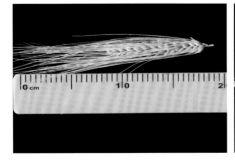

穗部图片

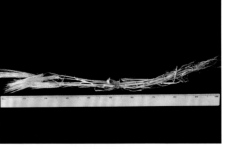

成熟期整株图片

BJX128

一、原产地：西藏定结

二、国家统一编号：ZDM06947

三、形态特征及生物学特性

幼苗叶片、叶耳均为绿色。株高88.8cm，紧凑株型，第二茎秆直径3.31mm。全生育期为116d，单株穗数为10.3穗，穗姿下垂、六棱，穗和芒色为紫色，穗长7.5cm，每穗63.5粒。长芒、光芒，裸粒，粒呈紫色、椭圆形，千粒重为40.78g。

四、品质检测结果

项目	数值	项目	数值	项目	数值
蛋白质（%）	12.13	VB$_6$（mg/kg）	48.48	丙氨酸（mg/g）	4.02
淀粉（%）	66.02	VE（mg/kg）	198.34	精氨酸（mg/g）	4.72
纤维素（%）	—	脯氨酸（mg/g）	5.74	苏氨酸（mg/g）	3.18
木质素（%）	—	赖氨酸（mg/g）	2.12	甘氨酸（mg/g）	3.19
Ca（mg/kg）	961.94	亮氨酸（mg/g）	6.63	组氨酸（mg/g）	0.97
Zn（mg/kg）	47.13	异亮氨酸（mg/g）	3.32	丝氨酸（mg/g）	4.35
Fe（mg/kg）	137.49	苯丙氨酸（mg/g）	5.67	谷氨酸（mg/g）	27.52
P（mg/kg）	5214.91	甲硫氨酸（mg/g）	0.21	天冬氨酸（mg/g）	5.90
Se（mg/kg）	0.30	缬氨酸（mg/g）	0.95	γ-氨基丁酸（mg/g）	2.69
VB$_1$（mg/kg）	625.18	胱氨酸（mg/g）	4.43	β-葡聚糖（mg/g）	22.18
VB$_2$（mg/kg）	226.66	酪氨酸（mg/g）	3.01		

五、DNA指纹条形码

六、附图

田间整体图片

田间穗部图片

籽粒图片

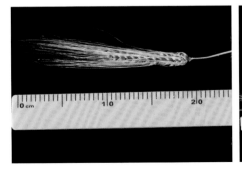

穗部图片

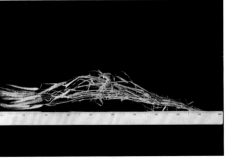

成熟期整株图片

BJX0151

一、原产地：西藏定结

二、国家统一编号：ZDM07233

三、形态特征及生物学特性

幼苗叶片、叶耳均为绿色。株高109.0cm，紧凑株型，第二茎秆直径4.08mm。全生育期为124d，单株穗数为24.5穗，穗姿下垂、六棱，穗和芒色为黄色，穗长8.5cm，每穗59.0粒。长芒、光芒，裸粒，粒呈紫色、椭圆形，千粒重为50.42g。

四、品质检测结果

项目	数值	项目	数值	项目	数值
蛋白质（%）	19.26	VB_6（mg/kg）	42.53	丙氨酸（mg/g）	6.17
淀粉（%）	66.43	VE（mg/kg）	247.92	精氨酸（mg/g）	7.31
纤维素（%）	22.52	脯氨酸（mg/g）	9.68	苏氨酸（mg/g）	5.72
木质素（%）	11.97	赖氨酸（mg/g）	4.34	甘氨酸（mg/g）	6.23
Ca（mg/kg）	1 037.42	亮氨酸（mg/g）	10.82	组氨酸（mg/g）	2.76
Zn（mg/kg）	70.73	异亮氨酸（mg/g）	6.78	丝氨酸（mg/g）	6.49
Fe（mg/kg）	122.50	苯丙氨酸（mg/g）	8.70	谷氨酸（mg/g）	42.35
P（mg/kg）	6 309.58	甲硫氨酸（mg/g）	0.27	天冬氨酸（mg/g）	9.06
Se（mg/kg）	0.279	缬氨酸（mg/g）	0.47	γ-氨基丁酸（mg/g）	5.424
VB_1（mg/kg）	602.03	胱氨酸（mg/g）	8.43	β-葡聚糖（mg/g）	24.50
VB_2（mg/kg）	155.41	酪氨酸（mg/g）	4.73		

五、DNA指纹条形码

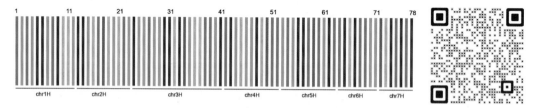

六、附图

田间整体图片

田间穗部图片

籽粒图片

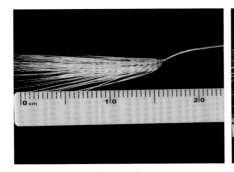

穗部图片

成熟期整株图片

BJX0152

一、原产地：西藏定结

二、国家统一编号：ZDM07262

三、形态特征及生物学特性

幼苗叶片、叶耳均为绿色。株高71.4cm，紧凑株型，第二茎秆直径3.58mm。全生育期为116d，单株穗数为12.2穗，穗姿下垂、六棱，穗和芒色为紫色，穗长7.6cm，每穗57.0粒。长芒、光芒，裸粒，粒呈褐色、椭圆形，千粒重为54.69g。

四、品质检测结果

项目	数值	项目	数值	项目	数值
蛋白质（%）	21.59	VB$_6$（mg/kg）	54.95	丙氨酸（mg/g）	8.38
淀粉（%）	57.39	VE（mg/kg）	249.73	精氨酸（mg/g）	11.56
纤维素（%）	21.79	脯氨酸（mg/g）	14.04	苏氨酸（mg/g）	7.24
木质素（%）	11.79	赖氨酸（mg/g）	7.33	甘氨酸（mg/g）	8.19
Ca（mg/kg）	1331.42	亮氨酸（mg/g）	12.37	组氨酸（mg/g）	4.48
Zn（mg/kg）	109.25	异亮氨酸（mg/g）	6.33	丝氨酸（mg/g）	7.80
Fe（mg/kg）	157.61	苯丙氨酸（mg/g）	9.62	谷氨酸（mg/g）	45.27
P（mg/kg）	8915.32	甲硫氨酸（mg/g）	0.27	天冬氨酸（mg/g）	12.35
Se（mg/kg）	0.202	缬氨酸（mg/g）	1.63	γ-氨基丁酸（mg/g）	7.962
VB$_1$（mg/kg）	684.69	胱氨酸（mg/g）	10.95	β-葡聚糖（mg/g）	23.76
VB$_2$（mg/kg）	226.58	酪氨酸（mg/g）	5.09		

五、DNA指纹条形码

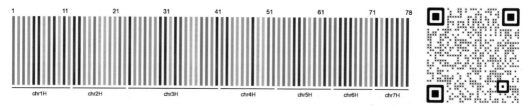

| chr1H | chr2H | chr3H | chr4H | chr5H | chr6H | chr7H |

六、附图

田间整体图片

田间穗部图片

籽粒图片

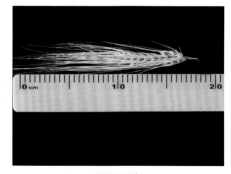

穗部图片

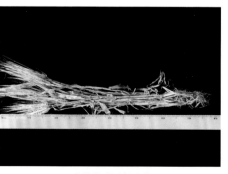

成熟期整株图片

BJX0168

一、原产地：西藏定结

二、国家统一编号：ZDM07455

三、形态特征及生物学特性

幼苗叶片、叶耳均为绿色。株高86.0cm，紧凑株型，第二茎秆直径2.56mm。全生育期为96d，单株穗数为8.0穗，穗姿直立、六棱，穗和芒色为黄色，穗长7.3cm，每穗55.7粒。长芒、光芒，裸粒，粒呈褐色、椭圆形，千粒重为40.91g。

四、品质检测结果

项目	数值	项目	数值	项目	数值
蛋白质（%）	10.66	VB$_6$（mg/kg）	48.57	丙氨酸（mg/g）	3.13
淀粉（%）	67.75	VE（mg/kg）	254.54	精氨酸（mg/g）	3.17
纤维素（%）	21.41	脯氨酸（mg/g）	4.76	苏氨酸（mg/g）	2.84
木质素（%）	11.71	赖氨酸（mg/g）	1.27	甘氨酸（mg/g）	3.16
Ca（mg/kg）	827.45	亮氨酸（mg/g）	5.24	组氨酸（mg/g）	0.11
Zn（mg/kg）	37.43	异亮氨酸（mg/g）	2.77	丝氨酸（mg/g）	3.19
Fe（mg/kg）	105.23	苯丙氨酸（mg/g）	4.13	谷氨酸（mg/g）	18.24
P（mg/kg）	4197.27	甲硫氨酸（mg/g）	0.26	天冬氨酸（mg/g）	4.39
Se（mg/kg）	1.392	缬氨酸（mg/g）	0.06	γ-氨基丁酸（mg/g）	2.024
VB$_1$（mg/kg）	677.36	胱氨酸（mg/g）	3.97	β-葡聚糖（mg/g）	23.39
VB$_2$（mg/kg）	245.63	酪氨酸（mg/g）	4.23		

五、DNA指纹条形码

六、附图

田间整体图片

田间穗部图片

籽粒图片

穗部图片

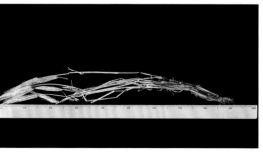

成熟期整株图片

BJX0169

一、原产地：西藏定结

二、国家统一编号：ZDM07457

三、形态特征及生物学特性

幼苗叶片、叶耳均为绿色。株高91.0cm，紧凑株型，第二茎秆直径3.72mm。全生育期为114d，单株穗数为11.0穗，穗姿水平、六棱，穗和芒色为黄色，穗长7.3cm，每穗48.7粒。长芒、光芒，裸粒，粒呈黄色、椭圆形，千粒重为37.54g。

四、品质检测结果

项目	数值	项目	数值	项目	数值
蛋白质（%）	15.54	VB$_6$（mg/kg）	43.68	丙氨酸（mg/g）	5.01
淀粉（%）	73.64	VE（mg/kg）	192.46	精氨酸（mg/g）	5.84
纤维素（%）	15.88	脯氨酸（mg/g）	8.74	苏氨酸（mg/g）	4.28
木质素（%）	12.77	赖氨酸（mg/g）	4.30	甘氨酸（mg/g）	5.07
Ca（mg/kg）	948.69	亮氨酸（mg/g）	9.22	组氨酸（mg/g）	0.20
Zn（mg/kg）	41.20	异亮氨酸（mg/g）	4.59	丝氨酸（mg/g）	5.87
Fe（mg/kg）	95.30	苯丙氨酸（mg/g）	7.24	谷氨酸（mg/g）	36.76
P（mg/kg）	4855.92	甲硫氨酸（mg/g）	0.27	天冬氨酸（mg/g）	6.75
Se（mg/kg）	0.147	缬氨酸（mg/g）	0.06	γ-氨基丁酸（mg/g）	4.175
VB$_1$（mg/kg）	661.49	胱氨酸（mg/g）	6.37	β-葡聚糖（mg/g）	25.66
VB$_2$（mg/kg）	170.32	酪氨酸（mg/g）	3.82		

五、DNA指纹条形码

六、附图

田间整体图片

田间穗部图片

籽粒图片

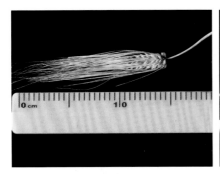

穗部图片

成熟期整株图片

BJX200

一、原产地：西藏定结

二、国家统一编号：ZDM07561

三、形态特征及生物学特性

幼苗叶片、叶耳均为绿色。株高97.4cm，中等株型，第二茎秆直径4.09mm。全生育期为101d，单株穗数为5.6穗，穗姿下垂、六棱，穗和芒色为黄色、紫色，穗长5.8cm，每穗42.0粒。长芒、光芒，裸粒，粒呈紫、褐色、椭圆形，千粒重为41.05g。

四、品质检测结果

项目	数值	项目	数值	项目	数值
蛋白质（%）	13.13	VB$_6$（mg/kg）	71.16	丙氨酸（mg/g）	5.22
淀粉（%）	65.97	VE（mg/kg）	356.41	精氨酸（mg/g）	6.61
纤维素（%）	16.38	脯氨酸（mg/g）	2.59	苏氨酸（mg/g）	4.53
木质素（%）	11.44	赖氨酸（mg/g）	3.03	甘氨酸（mg/g）	5.23
Ca（mg/kg）	1360.42	亮氨酸（mg/g）	7.41	组氨酸（mg/g）	0.52
Zn（mg/kg）	56.29	异亮氨酸（mg/g）	3.88	丝氨酸（mg/g）	4.77
Fe（mg/kg）	175.75	苯丙氨酸（mg/g）	5.08	谷氨酸（mg/g）	22.46
P（mg/kg）	6879.78	甲硫氨酸（mg/g）	0.28	天冬氨酸（mg/g）	6.34
Se（mg/kg）	0.625	缬氨酸（mg/g）	0.37	γ-氨基丁酸（mg/g）	4.070
VB$_1$（mg/kg）	1327.43	胱氨酸（mg/g）	5.86	β-葡聚糖（mg/g）	23.90
VB$_2$（mg/kg）	265.18	酪氨酸（mg/g）	3.15		

五、DNA指纹条形码

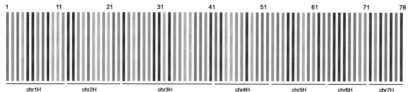

六、附图

田间整体图片

田间穗部图片

籽粒图片

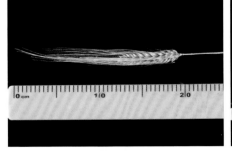

穗部图片

成熟期整株图片

BJX209

一、原产地：西藏定结

二、国家统一编号：ZDM07615

三、形态特征及生物学特性

幼苗叶片、叶耳均为绿色。株高93.7cm，紧凑株型，第二茎秆直径3.64mm。全生育期为101d，单株穗数为3.6穗，穗姿下垂、六棱，穗和芒色为黄色，穗长6.7cm，每穗60.0粒。长芒、光芒，裸粒，粒呈黄色、椭圆形，千粒重为45.92g。

四、品质检测结果

项目	数值	项目	数值	项目	数值
蛋白质（%）	12.06	VB_6（mg/kg）	58.97	丙氨酸（mg/g）	5.06
淀粉（%）	66.04	VE（mg/kg）	337.75	精氨酸（mg/g）	6.58
纤维素（%）	22.14	脯氨酸（mg/g）	2.22	苏氨酸（mg/g）	4.62
木质素（%）	12.73	赖氨酸（mg/g）	3.08	甘氨酸（mg/g）	5.03
Ca（mg/kg）	948.00	亮氨酸（mg/g）	7.94	组氨酸（mg/g）	0.50
Zn（mg/kg）	38.68	异亮氨酸（mg/g）	4.08	丝氨酸（mg/g）	4.82
Fe（mg/kg）	117.57	苯丙氨酸（mg/g）	5.56	谷氨酸（mg/g）	24.74
P（mg/kg）	4620.90	甲硫氨酸（mg/g）	0.26	天冬氨酸（mg/g）	6.58
Se（mg/kg）	0.44	缬氨酸（mg/g）	1.17	γ-氨基丁酸（mg/g）	3.49
VB_1（mg/kg）	1006.46	胱氨酸（mg/g）	5.67	β-葡聚糖（mg/g）	24.15
VB_2（mg/kg）	175.56	酪氨酸（mg/g）	3.50		

五、附图

田间整体图片

田间穗部图片

籽粒图片

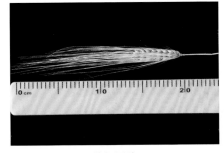

穗部图片

成熟期整株图片

BJX213

一、原产地：西藏定结

二、国家统一编号：ZDM07622

三、形态特征及生物学特性

幼苗叶片、叶耳均为绿色。株高90.0cm，中等株型，第二茎秆直径3.95mm。全生育期为96d，单株穗数为5.5穗，穗姿下垂、六棱，穗和芒色为黄色，穗长5.5cm，每穗42.0粒。长芒、光芒，裸粒，粒呈紫色、长圆形，千粒重为33.71g。

四、品质检测结果

项目	数值	项目	数值	项目	数值
蛋白质（%）	16.14	VB$_6$（mg/kg）	58.55	丙氨酸（mg/g）	5.19
淀粉（%）	69.53	VE（mg/kg）	312.03	精氨酸（mg/g）	6.84
纤维素（%）	24.95	脯氨酸（mg/g）	6.29	苏氨酸（mg/g）	4.75
木质素（%）	9.37	赖氨酸（mg/g）	4.12	甘氨酸（mg/g）	5.35
Ca（mg/kg）	1160.55	亮氨酸（mg/g）	9.42	组氨酸（mg/g）	1.20
Zn（mg/kg）	47.02	异亮氨酸（mg/g）	4.84	丝氨酸（mg/g）	5.65
Fe（mg/kg）	104.34	苯丙氨酸（mg/g）	7.24	谷氨酸（mg/g）	35.17
P（mg/kg）	4742.50	甲硫氨酸（mg/g）	0.30	天冬氨酸（mg/g）	7.21
Se（mg/kg）	0.261	缬氨酸（mg/g）	1.13	γ-氨基丁酸（mg/g）	5.320
VB$_1$（mg/kg）	1039.89	胱氨酸（mg/g）	7.47	β-葡聚糖（mg/g）	25.88
VB$_2$（mg/kg）	258.51	酪氨酸（mg/g）	3.95		

五、DNA指纹条形码

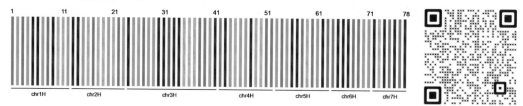

六、附图

田间整体图片

田间穗部图片

籽粒图片

穗部图片

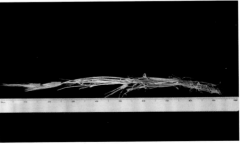

成熟期整株图片

BJX215

一、原产地：西藏定结

二、国家统一编号：ZDM07645

三、形态特征及生物学特性

幼苗叶片、叶耳均为绿色。株高100.7cm，中等株型，第二茎秆直径4.26mm。全生育期为103d，单株穗数为8.0穗，穗姿下垂、六棱，穗和芒色为紫色，穗长9.3cm，每穗62.7粒。长芒、光芒，裸粒，粒呈褐色、椭圆形，千粒重为48.61g。

四、品质检测结果

项目	数值	项目	数值	项目	数值
蛋白质（%）	14.01	VB$_6$（mg/kg）	58.63	丙氨酸（mg/g）	5.08
淀粉（%）	67.83	VE（mg/kg）	379.69	精氨酸（mg/g）	6.53
纤维素（%）	25.55	脯氨酸（mg/g）	2.77	苏氨酸（mg/g）	4.58
木质素（%）	11.56	赖氨酸（mg/g）	2.87	甘氨酸（mg/g）	5.23
Ca（mg/kg）	1072.81	亮氨酸（mg/g）	8.49	组氨酸（mg/g）	1.67
Zn（mg/kg）	54.91	异亮氨酸（mg/g）	4.48	丝氨酸（mg/g）	5.25
Fe（mg/kg）	118.53	苯丙氨酸（mg/g）	5.93	谷氨酸（mg/g）	28.62
P（mg/kg）	6277.21	甲硫氨酸（mg/g）	0.39	天冬氨酸（mg/g）	7.44
Se（mg/kg）	0.203	缬氨酸（mg/g）	0.81	γ-氨基丁酸（mg/g）	5.130
VB$_1$（mg/kg）	1156.86	胱氨酸（mg/g）	6.49	β-葡聚糖（mg/g）	24.98
VB$_2$（mg/kg）	304.65	酪氨酸（mg/g）	3.42		

五、DNA指纹条形码

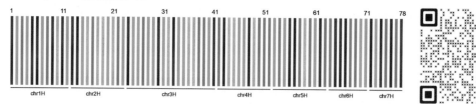

六、附图

田间整体图片

田间穗部图片

籽粒图片

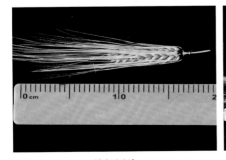

穗部图片

成熟期整株图片

BJX216

一、原产地：西藏定结

二、国家统一编号：ZDM07646

三、形态特征及生物学特性

幼苗叶片、叶耳均为绿色。株高100.3cm，中等株型，第二茎秆直径4.0mm。全生育期为101d，单株穗数为10.0穗，穗姿下垂、六棱，穗和芒色为紫色，穗长8.0cm，每穗55.7粒。长芒、光芒，裸粒，粒呈紫色、椭圆形，千粒重为44.9g。

四、品质检测结果

项目	数值	项目	数值	项目	数值
蛋白质（%）	12.04	VB$_6$（mg/kg）	62.72	丙氨酸（mg/g）	4.52
淀粉（%）	64.53	VE（mg/kg）	295.81	精氨酸（mg/g）	5.46
纤维素（%）	24.42	脯氨酸（mg/g）	4.61	苏氨酸（mg/g）	4.12
木质素（%）	13.44	赖氨酸（mg/g）	3.37	甘氨酸（mg/g）	4.73
Ca（mg/kg）	1 116.98	亮氨酸（mg/g）	7.13	组氨酸（mg/g）	0.99
Zn（mg/kg）	39.65	异亮氨酸（mg/g）	3.68	丝氨酸（mg/g）	4.37
Fe（mg/kg）	83.70	苯丙氨酸（mg/g）	5.07	谷氨酸（mg/g）	21.62
P（mg/kg）	5 567.79	甲硫氨酸（mg/g）	0.26	天冬氨酸（mg/g）	6.19
Se（mg/kg）	0.390	缬氨酸（mg/g）	0.50	γ-氨基丁酸（mg/g）	4.402
VB$_1$（mg/kg）	1 084.16	胱氨酸（mg/g）	5.63	β-葡聚糖（mg/g）	24.39
VB$_2$（mg/kg）	299.45	酪氨酸（mg/g）	2.60		

五、DNA指纹条形码

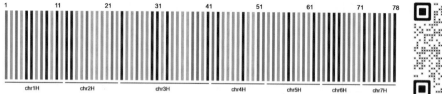

六、附图

田间整体图片

田间穗部图片

籽粒图片

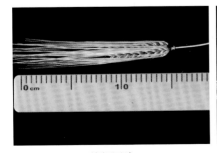

穗部图片

成熟期整株图片

BJX217

一、原产地：西藏定结

二、国家统一编号：ZDM07650

三、形态特征及生物学特性

幼苗叶片、叶耳均为绿色。株高94.0cm，紧凑株型，第二茎秆直径4.63mm。全生育期为109d，单株穗数为8.0穗，穗姿下垂、六棱，穗和芒色为黑色，穗长7.3cm，每穗55.3粒。长芒、光芒，裸粒，粒呈褐色、椭圆形，千粒重为46.30g。

四、品质检测结果

项目	数值	项目	数值	项目	数值
蛋白质（%）	12.52	VB_6（mg/kg）	70.23	丙氨酸（mg/g）	4.36
淀粉（%）	67.75	VE（mg/kg）	268.61	精氨酸（mg/g）	5.36
纤维素（%）	23.96	脯氨酸（mg/g）	5.23	苏氨酸（mg/g）	3.72
木质素（%）	9.85	赖氨酸（mg/g）	3.94	甘氨酸（mg/g）	4.42
Ca（mg/kg）	1 009.86	亮氨酸（mg/g）	7.23	组氨酸（mg/g）	0.67
Zn（mg/kg）	45.02	异亮氨酸（mg/g）	3.75	丝氨酸（mg/g）	4.41
Fe（mg/kg）	117.21	苯丙氨酸（mg/g）	4.95	谷氨酸（mg/g）	23.13
P（mg/kg）	4374.00	甲硫氨酸（mg/g）	0.33	天冬氨酸（mg/g）	6.04
Se（mg/kg）	0.781	缬氨酸（mg/g）	0.90	γ-氨基丁酸（mg/g）	4.845
VB_1（mg/kg）	936.70	胱氨酸（mg/g）	5.27	β-葡聚糖（mg/g）	24.92
VB_2（mg/kg）	263.08	酪氨酸（mg/g）	3.08		

五、DNA指纹条形码

六、附图

田间整体图片

田间穗部图片

籽粒图片

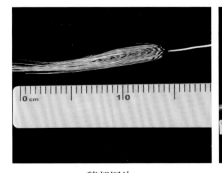

穗部图片

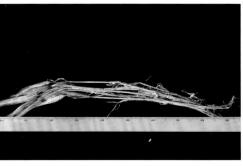

成熟期整株图片

BJX238

一、原产地：西藏定结

二、国家统一编号：ZDM07730

三、形态特征及生物学特性

幼苗叶片、叶耳均为绿色。株高95.0cm，中等株型，第二茎秆直径5.21mm。全生育期为109d，单株穗数为9.0穗，穗姿水平、六棱，穗和芒色为紫色，穗长5.5cm，每穗62.5粒。长芒、光芒，裸粒，粒呈紫色、椭圆形，千粒重为42.53g。

四、品质检测结果

项目	数值	项目	数值	项目	数值
蛋白质（%）	14.83	VB_6（mg/kg）	57.70	丙氨酸（mg/g）	5.95
淀粉（%）	62.85	VE（mg/kg）	300.96	精氨酸（mg/g）	7.09
纤维素（%）	31.44	脯氨酸（mg/g）	6.99	苏氨酸（mg/g）	4.95
木质素（%）	10.96	赖氨酸（mg/g）	6.90	甘氨酸（mg/g）	6.77
Ca（mg/kg）	1218.93	亮氨酸（mg/g）	8.42	组氨酸（mg/g）	1.20
Zn（mg/kg）	51.37	异亮氨酸（mg/g）	4.42	丝氨酸（mg/g）	5.42
Fe（mg/kg）	130.63	苯丙氨酸（mg/g）	5.63	谷氨酸（mg/g）	27.62
P（mg/kg）	7610.08	甲硫氨酸（mg/g）	0.48	天冬氨酸（mg/g）	6.31
Se（mg/kg）	0.199	缬氨酸（mg/g）	0.47	γ-氨基丁酸（mg/g）	5.376
VB_1（mg/kg）	1024.37	胱氨酸（mg/g）	6.39	β-葡聚糖（mg/g）	26.23
VB_2（mg/kg）	130.48	酪氨酸（mg/g）	3.86		

五、DNA指纹条形码

六、附图

田间整体图片

田间穗部图片

籽粒图片

穗部图片

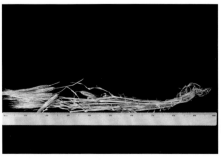

成熟期整株图片

BJX239

一、原产地：西藏定结

二、国家统一编号：ZDM07752

三、形态特征及生物学特性

幼苗叶片、叶耳均为绿色。株高84.6cm，紧凑株型，第二茎秆直径4.03mm。全生育期为101d，单株穗数为17.6穗，穗姿下垂、六棱，穗和芒色为黄色，穗长5.4cm，每穗36.6粒。长芒、光芒，裸粒，粒呈褐色、椭圆形，千粒重为41.54g。

四、品质检测结果

项目	数值	项目	数值	项目	数值
蛋白质（%）	14.44	VB$_6$（mg/kg）	78.48	丙氨酸（mg/g）	5.71
淀粉（%）	66.39	VE（mg/kg）	262.88	精氨酸（mg/g）	6.91
纤维素（%）	17.06	脯氨酸（mg/g）	8.44	苏氨酸（mg/g）	4.57
木质素（%）	11.60	赖氨酸（mg/g）	6.27	甘氨酸（mg/g）	5.96
Ca（mg/kg）	961.84	亮氨酸（mg/g）	8.67	组氨酸（mg/g）	0.34
Zn（mg/kg）	51.40	异亮氨酸（mg/g）	4.76	丝氨酸（mg/g）	5.60
Fe（mg/kg）	101.75	苯丙氨酸（mg/g）	6.21	谷氨酸（mg/g）	32.48
P（mg/kg）	5259.67	甲硫氨酸（mg/g）	0.76	天冬氨酸（mg/g）	5.30
Se（mg/kg）	3.602	缬氨酸（mg/g）	0.88	γ-氨基丁酸（mg/g）	4.409
VB$_1$（mg/kg）	904.53	胱氨酸（mg/g）	7.67	β-葡聚糖（mg/g）	26.17
VB$_2$（mg/kg）	171.65	酪氨酸（mg/g）	4.01		

五、DNA指纹条形码

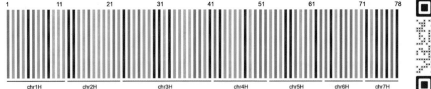

六、附图

田间整体图片

田间穗部图片　　　　　　　　　　籽粒图片

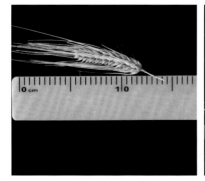

穗部图片　　　　　　　　　　成熟期整株图片

BJX240

一、原产地：西藏定结

二、国家统一编号：ZDM07755

三、形态特征及生物学特性

幼苗叶片、叶耳均为绿色。株高87.0cm，紧凑株型，第二茎秆直径3.87mm。全生育期为101d，单株穗数为5.3穗，穗姿下垂、六棱，穗和芒色为黄色，穗长5.7cm，每穗47.7粒。长芒、光芒，裸粒，粒呈黄色、椭圆形，千粒重为35.81g。

四、品质检测结果

项目	数值	项目	数值	项目	数值
蛋白质（%）	11.88	VB_6（mg/kg）	57.15	丙氨酸（mg/g）	4.32
淀粉（%）	64.11	VE（mg/kg）	291.50	精氨酸（mg/g）	5.05
纤维素（%）	15.04	脯氨酸（mg/g）	7.30	苏氨酸（mg/g）	3.72
木质素（%）	11.85	赖氨酸（mg/g）	5.56	甘氨酸（mg/g）	4.82
Ca（mg/kg）	866.04	亮氨酸（mg/g）	7.20	组氨酸（mg/g）	0.77
Zn（mg/kg）	36.85	异亮氨酸（mg/g）	3.69	丝氨酸（mg/g）	4.40
Fe（mg/kg）	105.83	苯丙氨酸（mg/g）	5.05	谷氨酸（mg/g）	26.28
P（mg/kg）	4026.39	甲硫氨酸（mg/g）	0.60	天冬氨酸（mg/g）	4.65
Se（mg/kg）	0.345	缬氨酸（mg/g）	0.69	γ-氨基丁酸（mg/g）	2.957
VB_1（mg/kg）	1025.80	胱氨酸（mg/g）	5.74	β-葡聚糖（mg/g）	20.91
VB_2（mg/kg）	224.24	酪氨酸（mg/g）	2.95		

五、DNA指纹条形码

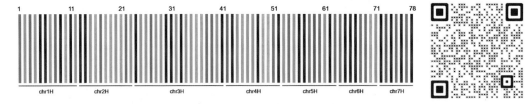

六、附图

田间整体图片

田间穗部图片

籽粒图片

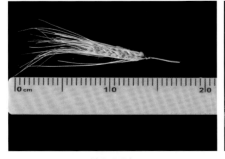

穗部图片

成熟期整株图片

BJX241

一、原产地：西藏定结

二、国家统一编号：ZDM07756

三、形态特征及生物学特性

幼苗叶片、叶耳均为绿色。株高106.3cm，中等株型，第二茎秆直径4.48mm。全生育期为114d，单株穗数为9.3穗，穗姿下垂、六棱，穗和芒色为黄色，穗长7.7cm，每穗62.3粒。长芒、光芒，裸粒，粒呈黄色、椭圆形，千粒重为49.39g。

四、品质检测结果

项目	数值	项目	数值	项目	数值
蛋白质（%）	15.27	VB$_6$（mg/kg）	68.32	丙氨酸（mg/g）	6.16
淀粉（%）	69.89	VE（mg/kg）	295.61	精氨酸（mg/g）	6.93
纤维素（%）	18.84	脯氨酸（mg/g）	9.86	苏氨酸（mg/g）	5.16
木质素（%）	13.01	赖氨酸（mg/g）	7.20	甘氨酸（mg/g）	6.90
Ca（mg/kg）	1 124.73	亮氨酸（mg/g）	9.57	组氨酸（mg/g）	1.54
Zn（mg/kg）	56.22	异亮氨酸（mg/g）	5.23	丝氨酸（mg/g）	5.93
Fe（mg/kg）	143.29	苯丙氨酸（mg/g）	6.82	谷氨酸（mg/g）	35.62
P（mg/kg）	6651.20	甲硫氨酸（mg/g）	0.73	天冬氨酸（mg/g）	6.10
Se（mg/kg）	0.321	缬氨酸（mg/g）	1.06	γ-氨基丁酸（mg/g）	3.865
VB$_1$（mg/kg）	1 061.23	胱氨酸（mg/g）	8.80	β-葡聚糖（mg/g）	27.92
VB$_2$（mg/kg）	205.89	酪氨酸（mg/g）	4.20		

五、DNA指纹条形码

六、附图

田间整体图片

田间穗部图片

籽粒图片

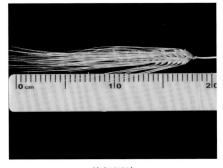

穗部图片

成熟期整株图片

日喀则市定日县青稞资源简介

BJX001

一、原产地：西藏定日

二、国家统一编号：ZDM04364

三、形态特征及生物学特性

　　幼苗叶片、叶耳均为绿色。株高92.5cm，中等株型，第二茎秆直径2.95mm。全生育期为124d，单株有效穗数为6.0穗，穗姿下垂、六棱，穗和芒色为黄色，穗长6.5cm，每穗55.0粒。长芒、光芒，裸粒，粒呈褐色、椭圆形，千粒重为36.11g。

四、品质检测结果

项目	数值	项目	数值	项目	数值
蛋白质（%）	17.76	VB$_6$（mg/kg）	38.03	丙氨酸（mg/g）	6.56
淀粉（%）	59.80	VE（mg/kg）	200.08	精氨酸（mg/g）	7.92
纤维素（%）	14.36	脯氨酸（mg/g）	27.68	苏氨酸（mg/g）	4.95
木质素（%）	11.92	赖氨酸（mg/g）	3.60	甘氨酸（mg/g）	5.76
Ca（mg/kg）	1 021.66	亮氨酸（mg/g）	10.06	组氨酸（mg/g）	1.06
Zn（mg/kg）	48.06	异亮氨酸（mg/g）	5.23	丝氨酸（mg/g）	6.91
Fe（mg/kg）	125.50	苯丙氨酸（mg/g）	9.97	谷氨酸（mg/g）	38.32
P（mg/kg）	5 104.58	甲硫氨酸（mg/g）	2.71	天冬氨酸（mg/g）	6.22
Se（mg/kg）	0.713	缬氨酸（mg/g）	2.33	γ-氨基丁酸（mg/g）	4.868
VB$_1$（mg/kg）	447.26	胱氨酸（mg/g）	9.82	β-葡聚糖（mg/g）	21.26
VB$_2$（mg/kg）	192.33	酪氨酸（mg/g）	4.23		

五、DNA指纹条形码

六、附图

田间整体图片

田间穗部图片

籽粒图片

穗部图片

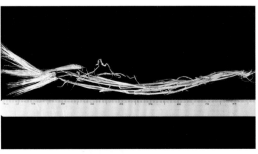

成熟期整株图片

BJX020

一、原产地：西藏定日

二、国家统一编号：ZDM04818

三、形态特征及生物学特性

幼苗叶片、叶耳均为绿色。株高64.0cm，紧凑株型，第二茎秆直径3.62mm。全生育期为97d，单株穗数为6.0穗，穗姿水平、六棱，穗和芒色为黄色，穗长5.7cm，每穗54.0粒。长芒、光芒，裸粒，粒呈褐色、椭圆形，千粒重为43.25g。

四、品质检测结果

项目	数值	项目	数值	项目	数值
蛋白质（%）	16.40	VB$_6$（mg/kg）	44.98	丙氨酸（mg/g）	5.17
淀粉（%）	54.92	VE（mg/kg）	223.78	精氨酸（mg/g）	6.27
纤维素（%）	18.29	脯氨酸（mg/g）	15.93	苏氨酸（mg/g）	3.92
木质素（%）	14.92	赖氨酸（mg/g）	3.05	甘氨酸（mg/g）	5.33
Ca（mg/kg）	1 126.35	亮氨酸（mg/g）	7.82	组氨酸（mg/g）	1.33
Zn（mg/kg）	57.79	异亮氨酸（mg/g）	4.04	丝氨酸（mg/g）	4.64
Fe（mg/kg）	106.27	苯丙氨酸（mg/g）	6.52	谷氨酸（mg/g）	32.81
P（mg/kg）	6449.56	甲硫氨酸（mg/g）	1.30	天冬氨酸（mg/g）	7.55
Se（mg/kg）	0.419	缬氨酸（mg/g）	1.83	γ - 氨基丁酸（mg/g）	3.803
VB$_1$（mg/kg）	421.42	胱氨酸（mg/g）	6.63	β - 葡聚糖（mg/g）	20.81
VB$_2$（mg/kg）	262.90	酪氨酸（mg/g）	3.54		

五、DNA指纹条形码

84

六、附图

田间整体图片

田间穗部图片

籽粒图片

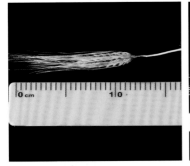

穗部图片

成熟期整株图片

BJX034

一、原产地：西藏定日

二、国家统一编号：ZDM04903

三、形态特征及生物学特性

幼苗叶片、叶耳均为绿色。株高111.6cm，紧凑株型，第二茎秆直径4.28mm。全生育期为105d，单株穗数为7.6穗，穗姿直立、六棱，穗和芒色为黄色，穗长8.4cm，每穗38.4粒。长芒、光芒，裸粒，粒呈黄色、椭圆形，千粒重为52.28g。

四、品质检测结果

项目	数值	项目	数值	项目	数值
蛋白质（%）	13.85	VB$_6$（mg/kg）	36.05	丙氨酸（mg/g）	5.19
淀粉（%）	56.48	VE（mg/kg）	211.07	精氨酸（mg/g）	6.12
纤维素（%）	15.15	脯氨酸（mg/g）	22.59	苏氨酸（mg/g）	3.92
木质素（%）	13.69	赖氨酸（mg/g）	5.49	甘氨酸（mg/g）	5.68
Ca（mg/kg）	1071.33	亮氨酸（mg/g）	8.22	组氨酸（mg/g）	1.49
Zn（mg/kg）	50.60	异亮氨酸（mg/g）	4.05	丝氨酸（mg/g）	4.95
Fe（mg/kg）	195.42	苯丙氨酸（mg/g）	6.55	谷氨酸（mg/g）	31.95
P（mg/kg）	6954.22	甲硫氨酸（mg/g）	0.31	天冬氨酸（mg/g）	1.74
Se（mg/kg）	3.201	缬氨酸（mg/g）	2.37	γ-氨基丁酸（mg/g）	4.468
VB$_1$（mg/kg）	322.11	胱氨酸（mg/g）	7.19	β-葡聚糖（mg/g）	17.84
VB$_2$（mg/kg）	170.74	酪氨酸（mg/g）	3.19		

五、DNA指纹条形码

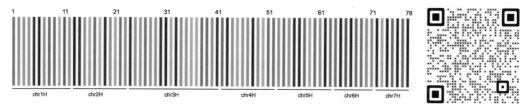

六、附图

田间整体图片

田间穗部图片

籽粒图片

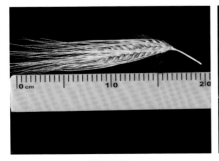

穗部图片

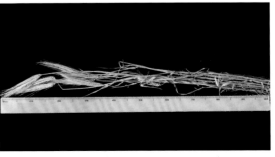

成熟期整株图片

BJX044

一、原产地：西藏定日

二、国家统一编号：ZDM05472

三、形态特征及生物学特性

幼苗叶片、叶耳均为绿色。株高89.3cm，紧凑株型，第二茎秆直径3.72mm。全生育期为132d，单株穗数为5.7穗，穗姿水平、六棱，穗和芒色为黄色、紫色，穗长6.3cm，每穗73.3粒。短芒、光芒，裸粒，粒呈黄色、长圆形，千粒重为46.42g。

四、品质检测结果

项目	数值	项目	数值	项目	数值
蛋白质（%）	13.88	VB$_6$（mg/kg）	53.96	丙氨酸（mg/g）	1.01
淀粉（%）	53.96	VE（mg/kg）	259.64	精氨酸（mg/g）	12.61
纤维素（%）	18.53	脯氨酸（mg/g）	16.48	苏氨酸（mg/g）	4.83
木质素（%）	14.76	赖氨酸（mg/g）	7.23	甘氨酸（mg/g）	4.11
Ca（mg/kg）	1267.73	亮氨酸（mg/g）	16.08	组氨酸（mg/g）	19.63
Zn（mg/kg）	53.31	异亮氨酸（mg/g）	5.77	丝氨酸（mg/g）	2.23
Fe（mg/kg）	258.69	苯丙氨酸（mg/g）	12.56	谷氨酸（mg/g）	2.05
P（mg/kg）	5544.74	甲硫氨酸（mg/g）	0.41	天冬氨酸（mg/g）	10.15
Se（mg/kg）	11.429	缬氨酸（mg/g）	0.94	γ-氨基丁酸（mg/g）	4.557
VB$_1$（mg/kg）	474.10	胱氨酸（mg/g）	1.40	β-葡聚糖（mg/g）	19.60
VB$_2$（mg/kg）	238.04	酪氨酸（mg/g）	12.23		

五、DNA指纹条形码

六、附图

田间整体图片

田间穗部图片

籽粒图片

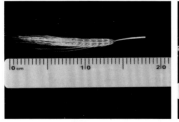

穗部图片

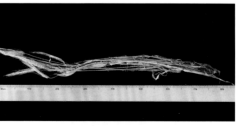

成熟期整株图片

BJX046

一、原产地：西藏定日

二、国家统一编号：ZDM05522

三、形态特征及生物学特性

幼苗叶片、叶耳均为绿色。株高97.0cm，紧凑株型，第二茎秆直径4.23mm。全生育期为116d，单株穗数为4.8穗，穗姿下垂、六棱，穗和芒色为黄带紫色，穗长7.0cm，每穗60.0粒。长芒、光芒，裸粒，粒呈黄色、椭圆形，千粒重为44.55g。

四、品质检测结果

项目	数值	项目	数值	项目	数值
蛋白质（%）	17.76	VB$_6$（mg/kg）	40.16	丙氨酸（mg/g）	5.75
淀粉（%）	68.94	VE（mg/kg）	205.67	精氨酸（mg/g）	7.61
纤维素（%）	18.78	脯氨酸（mg/g）	3.47	苏氨酸（mg/g）	4.54
木质素（%）	16.45	赖氨酸（mg/g）	2.59	甘氨酸（mg/g）	5.76
Ca（mg/kg）	1720.51	亮氨酸（mg/g）	8.11	组氨酸（mg/g）	0.67
Zn（mg/kg）	104.41	异亮氨酸（mg/g）	4.16	丝氨酸（mg/g）	5.11
Fe（mg/kg）	166.58	苯丙氨酸（mg/g）	5.66	谷氨酸（mg/g）	27.56
P（mg/kg）	9487.25	甲硫氨酸（mg/g）	0.52	天冬氨酸（mg/g）	7.13
Se（mg/kg）	2.185	缬氨酸（mg/g）	1.03	γ-氨基丁酸（mg/g）	4.854
VB$_1$（mg/kg）	407.20	胱氨酸（mg/g）	6.85	β-葡聚糖（mg/g）	18.01
VB$_2$（mg/kg）	270.68	酪氨酸（mg/g）	3.56		

五、DNA指纹条形码

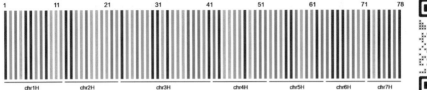

六、附图

田间整体图片

田间穗部图片

籽粒图片

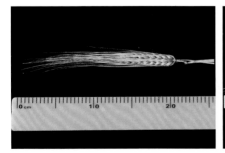

穗部图片

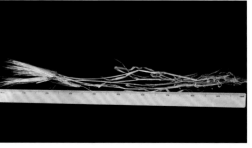

成熟期整株图片

BJX053

一、原产地：西藏定日

二、国家统一编号：ZDM05715

三、形态特征及生物学特性

幼苗叶片、叶耳均为绿色。株高105.4cm，中等株型，第二茎秆直径4.07mm。全生育期为119d，单株穗数为4.6穗，穗姿下垂、六棱，穗和芒色为褐紫色，穗长8.2cm，每穗64.2粒。长芒、光芒，裸粒，粒呈褐色、长圆形，千粒重为40.38g。

四、品质检测结果

项目	数值	项目	数值	项目	数值
蛋白质（%）	9.78	VB$_6$（mg/kg）	49.67	丙氨酸（mg/g）	2.26
淀粉（%）	66.96	VE（mg/kg）	254.80	精氨酸（mg/g）	2.75
纤维素（%）	21.52	脯氨酸（mg/g）	6.78	苏氨酸（mg/g）	2.09
木质素（%）	13.34	赖氨酸（mg/g）	1.61	甘氨酸（mg/g）	2.57
Ca（mg/kg）	1 030.83	亮氨酸（mg/g）	4.03	组氨酸（mg/g）	0.32
Zn（mg/kg）	43.91	异亮氨酸（mg/g）	1.90	丝氨酸（mg/g）	2.04
Fe（mg/kg）	201.78	苯丙氨酸（mg/g）	2.74	谷氨酸（mg/g）	14.83
P（mg/kg）	3 569.31	甲硫氨酸（mg/g）	0.24	天冬氨酸（mg/g）	3.32
Se（mg/kg）	0.451	缬氨酸（mg/g）	0.21	γ-氨基丁酸（mg/g）	2.351
VB$_1$（mg/kg）	399.23	胱氨酸（mg/g）	2.08	β-葡聚糖（mg/g）	18.97
VB$_2$（mg/kg）	144.68	酪氨酸（mg/g）	1.64		

五、DNA指纹条形码

六、附图

田间整体图片

田间穗部图片

籽粒图片

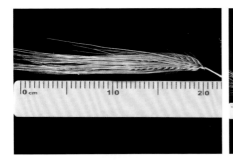

穗部图片

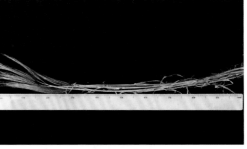

成熟期整株图片

BJX064

一、原产地：西藏定日

二、国家统一编号：ZDM05947

三、形态特征及生物学特性

幼苗叶片、叶耳均为绿色。株高108.0cm，中等株型，第二茎秆直径4.55mm。全生育期为98d，单株穗数为7.2穗，穗姿下垂、六棱，穗和芒色为黄色、紫色，穗长6.8cm，每穗58.4粒。长芒、光芒，裸粒，粒呈褐色、椭圆形，千粒重为45.56g。

四、品质检测结果

项目	数值	项目	数值	项目	数值
蛋白质（%）	14.42	VB$_6$（mg/kg）	64.60	丙氨酸（mg/g）	3.32
淀粉（%）	58.90	VE（mg/kg）	250.48	精氨酸（mg/g）	3.96
纤维素（%）		脯氨酸（mg/g）	2.08	苏氨酸（mg/g）	2.53
木质素（%）		赖氨酸（mg/g）	1.74	甘氨酸（mg/g）	3.48
Ca（mg/kg）	1180.80	亮氨酸（mg/g）	5.30	组氨酸（mg/g）	0.42
Zn（mg/kg）	56.71	异亮氨酸（mg/g）	2.38	丝氨酸（mg/g）	2.91
Fe（mg/kg）	104.94	苯丙氨酸（mg/g）	3.62	谷氨酸（mg/g）	19.44
P（mg/kg）	6170.63	甲硫氨酸（mg/g）	0.64	天冬氨酸（mg/g）	4.05
Se（mg/kg）	0.15	缬氨酸（mg/g）	0.12	γ-氨基丁酸（mg/g）	2.017
VB$_1$（mg/kg）	399.70	胱氨酸（mg/g）	3.83	β-葡聚糖（mg/g）	17.22
VB$_2$（mg/kg）	264.94	酪氨酸（mg/g）	2.13		

五、DNA指纹条形码

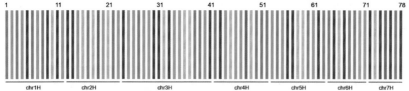

六、附图

田间整体图片

田间穗部图片

籽粒图片

穗部图片

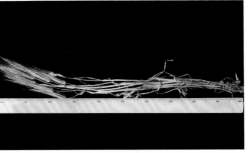

成熟期整株图片

BJX065

一、原产地：西藏定日

二、国家统一编号：ZDM05970

三、形态特征及生物学特性

幼苗叶片、叶耳均为绿色。株高92.8cm，松散株型，第二茎秆直径3.15mm。全生育期为97d，单株穗数为7.0穗，穗姿水平、六棱，穗和芒色为黄色，穗长7.2cm，每穗62.8粒。长芒、光芒，裸粒，粒呈黄色、椭圆形，千粒重为40.29g。

四、品质检测结果

项目	数值	项目	数值	项目	数值
蛋白质（%）	14.51	VB$_6$（mg/kg）	52.59	丙氨酸（mg/g）	3.29
淀粉（%）	59.74	VE（mg/kg）	259.90	精氨酸（mg/g）	3.89
纤维素（%）	12.71	脯氨酸（mg/g）	1.82	苏氨酸（mg/g）	3.01
木质素（%）	14.35	赖氨酸（mg/g）	1.97	甘氨酸（mg/g）	3.53
Ca（mg/kg）	1498.44	亮氨酸（mg/g）	5.36	组氨酸（mg/g）	0.72
Zn（mg/kg）	54.66	异亮氨酸（mg/g）	2.77	丝氨酸（mg/g）	3.01
Fe（mg/kg）	139.77	苯丙氨酸（mg/g）	4.11	谷氨酸（mg/g）	21.03
P（mg/kg）	5309.73	甲硫氨酸（mg/g）	0.19	天冬氨酸（mg/g）	4.44
Se（mg/kg）	0.268	缬氨酸（mg/g）	0.11	γ-氨基丁酸（mg/g）	3.203
VB$_1$（mg/kg）	457.54	胱氨酸（mg/g）	4.08	β-葡聚糖（mg/g）	16.34
VB$_2$（mg/kg）	222.82	酪氨酸（mg/g）	2.33		

五、DNA指纹条形码

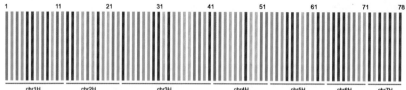 

六、附图

田间整体图片

田间穗部图片

籽粒图片

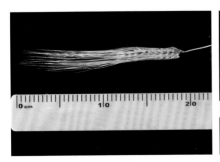

穗部图片

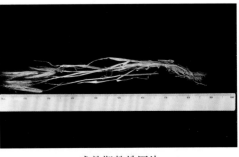

成熟期整株图片

BJX066

一、原产地：西藏定日

二、国家统一编号：ZDM05975

三、形态特征及生物学特性

幼苗叶片、叶耳均为绿色。株高93.8cm，中等株型，第二茎秆直径4.05mm。全生育期为97d，单株穗数为6.2穗，穗姿下垂、六棱，穗和芒色为黑色，穗长7.2cm，每穗63.4粒。长芒、光芒，裸粒，粒呈褐色、椭圆形，千粒重为48.83g。

四、品质检测结果

项目	数值	项目	数值	项目	数值
蛋白质（%）	13.06	VB$_6$（mg/kg）	43.75	丙氨酸（mg/g）	2.29
淀粉（%）	57.34	VE（mg/kg）	236.83	精氨酸（mg/g）	2.73
纤维素（%）	15.99	脯氨酸（mg/g）	6.50	苏氨酸（mg/g）	1.86
木质素（%）	13.68	赖氨酸（mg/g）	1.73	甘氨酸（mg/g）	2.40
Ca（mg/kg）	1069.50	亮氨酸（mg/g）	3.45	组氨酸（mg/g）	0.44
Zn（mg/kg）	49.71	异亮氨酸（mg/g）	1.76	丝氨酸（mg/g）	2.05
Fe（mg/kg）	176.16	苯丙氨酸（mg/g）	2.33	谷氨酸（mg/g）	13.99
P（mg/kg）	6044.88	甲硫氨酸（mg/g）	0.20	天冬氨酸（mg/g）	3.28
Se（mg/kg）	0.314	缬氨酸（mg/g）	0.04	γ-氨基丁酸（mg/g）	4.348
VB$_1$（mg/kg）	320.47	胱氨酸（mg/g）	1.51	β-葡聚糖（mg/g）	16.73
VB$_2$（mg/kg）	216.54	酪氨酸（mg/g）	1.41		

五、DNA指纹条形码

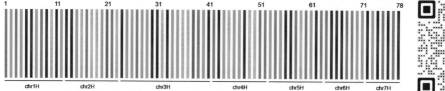

六、附图

田间整体图片

田间穗部图片

籽粒图片

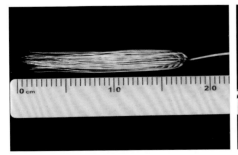

穗部图片

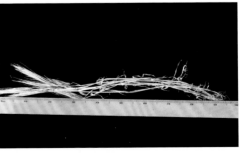

成熟期整株图片

BJX075

一、原产地：西藏定日

二、国家统一编号：ZDM06244

三、形态特征及生物学特性

幼苗叶片、叶耳均为绿色。株高80.5cm，松散株型，第二茎秆直径3.07mm。全生育期为110d，单株穗数为4.0穗，穗姿下垂、六棱，穗和芒色为黄色，穗长6.5cm，每穗60.5粒。长芒、光芒，裸粒，粒呈紫色、椭圆形，千粒重为46.10g。

四、品质检测结果

项目	数值	项目	数值	项目	数值
蛋白质（%）	13.35	VB$_6$（mg/kg）	65.30	丙氨酸（mg/g）	3.45
淀粉（%）	62.06	VE（mg/kg）	269.50	精氨酸（mg/g）	3.96
纤维素（%）	15.65	脯氨酸（mg/g）	5.91	苏氨酸（mg/g）	2.74
木质素（%）	13.11	赖氨酸（mg/g）	2.64	甘氨酸（mg/g）	3.56
Ca（mg/kg）	967.23	亮氨酸（mg/g）	5.73	组氨酸（mg/g）	0.58
Zn（mg/kg）	46.29	异亮氨酸（mg/g）	2.89	丝氨酸（mg/g）	3.21
Fe（mg/kg）	122.59	苯丙氨酸（mg/g）	4.10	谷氨酸（mg/g）	23.76
P（mg/kg）	5217.69	甲硫氨酸（mg/g）	0.25	天冬氨酸（mg/g）	5.02
Se（mg/kg）	1.56	缬氨酸（mg/g）	0.26	γ-氨基丁酸（mg/g）	3.84
VB$_1$（mg/kg）	545.57	胱氨酸（mg/g）	3.44	β-葡聚糖（mg/g）	18.09
VB$_2$（mg/kg）	252.56	酪氨酸（mg/g）	2.08		

五、附图

田间整体图片

田间穗部图片　　　　　　　　　　籽粒图片

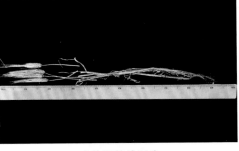

穗部图片　　　　　　　　　　成熟期整株图片

BJX092

一、原产地：西藏定日

二、国家统一编号：ZDM06489

三、形态特征及生物学特性

幼苗叶片、叶耳均为绿色。株高102.3cm，紧凑株型，第二茎秆直径4.21mm。全生育期为97d，单株穗数为9.7穗，穗姿下垂、六棱，穗和芒色为黄色，穗长7.0cm，每穗56.7粒。长芒、光芒，裸粒，粒呈褐色、椭圆形，千粒重为49.81g。

四、品质检测结果

项目	数值	项目	数值	项目	数值
蛋白质（%）	10.63	VB$_6$（mg/kg）	52.93	丙氨酸（mg/g）	2.23
淀粉（%）	68.14	VE（mg/kg）	232.58	精氨酸（mg/g）	1.98
纤维素（%）	31.29	脯氨酸（mg/g）	1.93	苏氨酸（mg/g）	2.13
木质素（%）	15.62	赖氨酸（mg/g）	2.07	甘氨酸（mg/g）	2.22
Ca（mg/kg）	971.51	亮氨酸（mg/g）	3.85	组氨酸（mg/g）	0.33
Zn（mg/kg）	40.85	异亮氨酸（mg/g）	2.01	丝氨酸（mg/g）	2.02
Fe（mg/kg）	80.18	苯丙氨酸（mg/g）	2.28	谷氨酸（mg/g）	11.35
P（mg/kg）	5 143.72	甲硫氨酸（mg/g）	0.27	天冬氨酸（mg/g）	3.25
Se（mg/kg）	0.86	缬氨酸（mg/g）	0.04	γ - 氨基丁酸（mg/g）	1.63
VB$_1$（mg/kg）	848.46	胱氨酸（mg/g）	1.84	β - 葡聚糖（mg/g）	17.72
VB$_2$（mg/kg）	182.79	酪氨酸（mg/g）	1.62		

五、附图

田间整体图片

田间穗部图片

籽粒图片

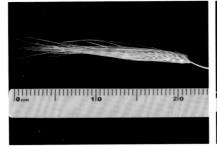

穗部图片

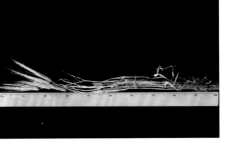

成熟期整株图片

BJX093

一、原产地：西藏定日

二、国家统一编号：ZDM06490

三、形态特征及生物学特性

幼苗叶片、叶耳均为绿色。株高111.0cm，紧凑株型，第二茎秆直径4.54mm。全生育期为114d，单株穗数为7.3穗，穗姿下垂、六棱，穗和芒色为黄色，穗长7.0cm，每穗56.3粒。短芒、光芒，裸粒，粒呈褐色、椭圆形，千粒重为41.69g。

四、品质检测结果

项目	数值	项目	数值	项目	数值
蛋白质（%）	9.35	VB$_6$（mg/kg）	58.51	丙氨酸（mg/g）	2.48
淀粉（%）	65.72	VE（mg/kg）	295.12	精氨酸（mg/g）	2.69
纤维素（%）	23.46	脯氨酸（mg/g）	6.38	苏氨酸（mg/g）	2.06
木质素（%）	10.96	赖氨酸（mg/g）	2.85	甘氨酸（mg/g）	2.60
Ca（mg/kg）	805.48	亮氨酸（mg/g）	4.52	组氨酸（mg/g）	0.43
Zn（mg/kg）	31.93	异亮氨酸（mg/g）	2.20	丝氨酸（mg/g）	2.33
Fe（mg/kg）	67.48	苯丙氨酸（mg/g）	3.05	谷氨酸（mg/g）	17.17
P（mg/kg）	3 256.34	甲硫氨酸（mg/g）	0.27	天冬氨酸（mg/g）	4.22
Se（mg/kg）	3.116	缬氨酸（mg/g）	0.07	γ-氨基丁酸（mg/g）	2.520
VB$_1$（mg/kg）	755.54	胱氨酸（mg/g）	2.67	β-葡聚糖（mg/g）	15.41
VB$_2$（mg/kg）	202.72	酪氨酸（mg/g）	1.86		

五、DNA指纹条形码

六、附图

田间整体图片

田间穗部图片

籽粒图片

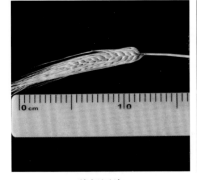

穗部图片

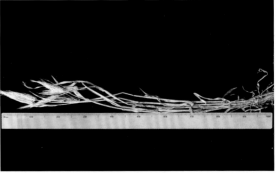

成熟期整株图片

BJX111

一、原产地：西藏定日

二、国家统一编号：ZDM06835

三、形态特征及生物学特性

幼苗叶片、叶耳均为绿色。株高91.0cm，紧凑株型，第二茎秆直径2.87mm。全生育期为97d，单株穗数为3.8穗，穗姿下垂、六棱，穗和芒色为黄色，穗长5.4cm，每穗59.6粒。长芒、光芒，裸粒，粒呈黄色、椭圆形，千粒重为43.39g。

四、品质检测结果

项目	数值	项目	数值	项目	数值
蛋白质（%）	12.13	VB$_6$（mg/kg）	65.56	丙氨酸（mg/g）	4.81
淀粉（%）	64.93	VE（mg/kg）	285.28	精氨酸（mg/g）	6.18
纤维素（%）	—	脯氨酸（mg/g）	11.74	苏氨酸（mg/g）	4.27
木质素（%）	—	赖氨酸（mg/g）	4.35	甘氨酸（mg/g）	4.99
Ca（mg/kg）	1 154.89	亮氨酸（mg/g）	7.97	组氨酸（mg/g）	1.99
Zn（mg/kg）	48.08	异亮氨酸（mg/g）	4.19	丝氨酸（mg/g）	5.17
Fe（mg/kg）	274.43	苯丙氨酸（mg/g）	6.19	谷氨酸（mg/g）	31.90
P（mg/kg）	4 423.08	甲硫氨酸（mg/g）	0.27	天冬氨酸（mg/g）	6.54
Se（mg/kg）	0.44	缬氨酸（mg/g）	1.57	γ - 氨基丁酸（mg/g）	1.53
VB$_1$（mg/kg）	738.65	胱氨酸（mg/g）	7.00	β - 葡聚糖（mg/g）	24.66
VB$_2$（mg/kg）	231.61	酪氨酸（mg/g）	3.51		

五、DNA指纹条形码

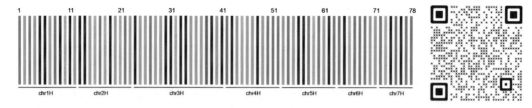

六、附图

田间整体图片

田间穗部图片

籽粒图片

穗部图片

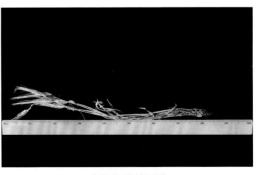

成熟期整株图片

BJX118

一、原产地：西藏定日

二、国家统一编号：ZDM06897

三、形态特征及生物学特性

幼苗叶片、叶耳均为绿色。株高92.6cm，紧凑株型，第二茎秆直径3.41mm。全生育期为101d，单株穗数为10.6穗，穗姿水平、六棱，穗和芒色为黄色，穗长7.6cm，每穗60.2粒。长芒、光芒，裸粒，粒呈褐色、椭圆形，千粒重为41.39g。

四、品质检测结果

项目	数值	项目	数值	项目	数值
蛋白质（%）	13.55	VB$_6$（mg/kg）	52.04	丙氨酸（mg/g）	4.06
淀粉（%）	69.48	VE（mg/kg）	250.47	精氨酸（mg/g）	4.69
纤维素（%）	—	脯氨酸（mg/g）	13.82	苏氨酸（mg/g）	3.63
木质素（%）	—	赖氨酸（mg/g）	3.49	甘氨酸（mg/g）	4.02
Ca（mg/kg）	813.48	亮氨酸（mg/g）	7.37	组氨酸（mg/g）	1.53
Zn（mg/kg）	33.57	异亮氨酸（mg/g）	3.77	丝氨酸（mg/g）	4.93
Fe（mg/kg）	88.65	苯丙氨酸（mg/g）	5.90	谷氨酸（mg/g）	33.79
P（mg/kg）	3 855.79	甲硫氨酸（mg/g）	0.29	天冬氨酸（mg/g）	5.37
Se（mg/kg）	0.20	缬氨酸（mg/g）	1.07	γ-氨基丁酸（mg/g）	2.37
VB$_1$（mg/kg）	566.15	胱氨酸（mg/g）	5.26	β-葡聚糖（mg/g）	22.23
VB$_2$（mg/kg）	250.92	酪氨酸（mg/g）	3.31		

五、DNA指纹条形码

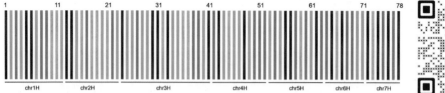

六、附图

田间整体图片

田间穗部图片

籽粒图片

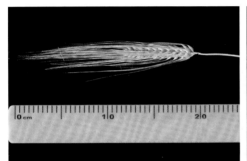

穗部图片

成熟期整株图片

BJX119

一、原产地：西藏定日

二、国家统一编号：ZDM06898

三、形态特征及生物学特性

幼苗叶片、叶耳均为绿色。株高102.2cm，紧凑株型，第二茎秆直径3.82mm。全生育期为101d，单株穗数为4.8穗，穗姿水平、六棱，穗和芒色为黄色，穗长7.4cm，每穗61.2粒。长芒、光芒，裸粒，粒呈黄色、椭圆形，千粒重为49.61g。

四、品质检测结果

项目	数值	项目	数值	项目	数值
蛋白质（%）	11.22	VB_6（mg/kg）	44.50	丙氨酸（mg/g）	3.74
淀粉（%）	62.40	VE（mg/kg）	233.85	精氨酸（mg/g）	4.43
纤维素（%）	—	脯氨酸（mg/g）	9.73	苏氨酸（mg/g）	3.51
木质素（%）	—	赖氨酸（mg/g）	2.91	甘氨酸（mg/g）	3.62
Ca（mg/kg）	881.04	亮氨酸（mg/g）	6.72	组氨酸（mg/g）	1.17
Zn（mg/kg）	34.23	异亮氨酸（mg/g）	3.35	丝氨酸（mg/g）	4.18
Fe（mg/kg）	94.54	苯丙氨酸（mg/g）	4.80	谷氨酸（mg/g）	28.32
P（mg/kg）	4705.60	甲硫氨酸（mg/g）	0.27	天冬氨酸（mg/g）	4.15
Se（mg/kg）	0.10	缬氨酸（mg/g）	0.48	γ-氨基丁酸（mg/g）	2.41
VB_1（mg/kg）	569.96	胱氨酸（mg/g）	4.76	β-葡聚糖（mg/g）	22.94
VB_2（mg/kg）	176.46	酪氨酸（mg/g）	2.93		

五、DNA指纹条形码

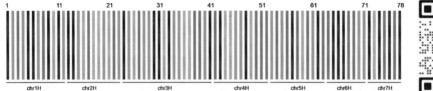

六、附图

田间整体图片

田间穗部图片

籽粒图片

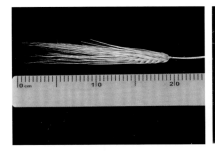

穗部图片

成熟期整株图片

BJX120

一、原产地：西藏定日

二、国家统一编号：ZDM06899

三、形态特征及生物学特性

幼苗叶片、叶耳均为绿色。株高98.3cm，紧凑株型，第二茎秆直径3.86mm。全生育期为116d，单株穗数为6.3穗，穗姿下垂、六棱，穗和芒色为黄黑色，穗长6.0cm，每穗36.7粒。长芒、光芒，裸粒，粒呈蓝色、椭圆形，千粒重为40.55g。

四、品质检测结果

项目	数值	项目	数值	项目	数值
蛋白质（%）	11.48	VB$_6$（mg/kg）	50.97	丙氨酸（mg/g）	2.45
淀粉（%）	63.98	VE（mg/kg）	240.44	精氨酸（mg/g）	2.64
纤维素（%）	—	脯氨酸（mg/g）	4.99	苏氨酸（mg/g）	2.13
木质素（%）	—	赖氨酸（mg/g）	3.15	甘氨酸（mg/g）	2.58
Ca（mg/kg）	825.41	亮氨酸（mg/g）	4.17	组氨酸（mg/g）	0.51
Zn（mg/kg）	33.93	异亮氨酸（mg/g）	2.04	丝氨酸（mg/g）	2.67
Fe（mg/kg）	79.99	苯丙氨酸（mg/g）	2.91	谷氨酸（mg/g）	17.20
P（mg/kg）	4853.89	甲硫氨酸（mg/g）	0.27	天冬氨酸（mg/g）	3.95
Se（mg/kg）	0.18	缬氨酸（mg/g）	0.17	γ-氨基丁酸（mg/g）	3.26
VB$_1$（mg/kg）	637.71	胱氨酸（mg/g）	2.23	β-葡聚糖（mg/g）	20.27
VB$_2$（mg/kg）	198.69	酪氨酸（mg/g）	1.81		

五、DNA指纹条形码

六、附图

田间整体图片

田间穗部图片

籽粒图片

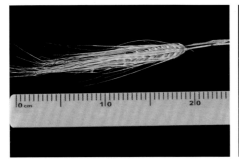

穗部图片

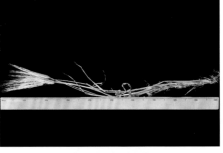

成熟期整株图片

BJX121

一、原产地：西藏定日

二、国家统一编号：ZDM06900

三、形态特征及生物学特性

幼苗叶片、叶耳均为绿色。株高101.0cm，紧凑株型，第二茎秆直径3.95mm。全生育期为110d，单株穗数为7.8穗，穗姿水平、六棱，穗和芒色为黄色，穗长7.8cm，每穗58.4粒。长芒、光芒，裸粒，粒呈褐色、椭圆形，千粒重为41.14g。

四、品质检测结果

项目	数值	项目	数值	项目	数值
蛋白质（%）	10.60	VB$_6$（mg/kg）	46.92	丙氨酸（mg/g）	3.84
淀粉（%）	69.01	VE（mg/kg）	251.56	精氨酸（mg/g）	4.47
纤维素（%）	—	脯氨酸（mg/g）	7.85	苏氨酸（mg/g）	3.28
木质素（%）	—	赖氨酸（mg/g）	3.29	甘氨酸（mg/g）	3.84
Ca（mg/kg）	858.20	亮氨酸（mg/g）	6.53	组氨酸（mg/g）	0.99
Zn（mg/kg）	41.13	异亮氨酸（mg/g）	3.21	丝氨酸（mg/g）	4.14
Fe（mg/kg）	113.18	苯丙氨酸（mg/g）	4.72	谷氨酸（mg/g）	26.05
P（mg/kg）	4052.12	甲硫氨酸（mg/g）	0.26	天冬氨酸（mg/g）	5.96
Se（mg/kg）	1.35	缬氨酸（mg/g）	0.34	γ-氨基丁酸（mg/g）	1.74
VB$_1$（mg/kg）	500.61	胱氨酸（mg/g）	4.58	β-葡聚糖（mg/g）	19.40
VB$_2$（mg/kg）	224.59	酪氨酸（mg/g）	2.88		

五、DNA指纹条形码

六、附图

田间整体图片

田间穗部图片

籽粒图片

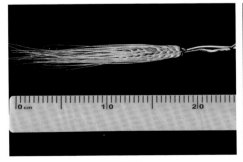

穗部图片

成熟期整株图片

BJX122

一、原产地：西藏定日

二、国家统一编号：ZDM06901

三、形态特征及生物学特性

幼苗叶片、叶耳均为绿色。株高92.3cm，紧凑株型，第二茎秆直径2.43mm。全生育期为114d，单株穗数为8.3穗，穗姿水平、六棱，穗和芒色为黄色，穗长7.0cm，每穗60.7粒。长芒、光芒，裸粒，粒呈蓝色、椭圆形，千粒重为46.21g。

四、品质检测结果

项目	数值	项目	数值	项目	数值
蛋白质（%）	9.46	VB$_6$（mg/kg）	57.32	丙氨酸（mg/g）	1.74
淀粉（%）	69.01	VE（mg/kg）	253.00	精氨酸（mg/g）	4.07
纤维素（%）	—	脯氨酸（mg/g）	6.01	苏氨酸（mg/g）	3.71
木质素（%）	—	赖氨酸（mg/g）	6.30	甘氨酸（mg/g）	0.08
Ca（mg/kg）	793.62	亮氨酸（mg/g）	2.67	组氨酸（mg/g）	8.20
Zn（mg/kg）	29.48	异亮氨酸（mg/g）	2.27	丝氨酸（mg/g）	17.85
Fe（mg/kg）	101.12	苯丙氨酸（mg/g）	3.77	谷氨酸（mg/g）	2.66
P（mg/kg）	3257.80	甲硫氨酸（mg/g）	0.40	天冬氨酸（mg/g）	3.95
Se（mg/kg）	0.20	缬氨酸（mg/g）	3.17	γ-氨基丁酸（mg/g）	1.37
VB$_1$（mg/kg）	580.38	胱氨酸（mg/g）	1.54	β-葡聚糖（mg/g）	16.45
VB$_2$（mg/kg）	188.10	酪氨酸（mg/g）	7.17		

五、DNA指纹条形码

六、附图

田间整体图片

田间穗部图片

籽粒图片

穗部图片

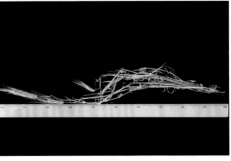

成熟期整株图片

BJX129

一、原产地：西藏定日

二、国家统一编号：ZDM06950

三、形态特征及生物学特性

幼苗叶片、叶耳均为绿色。株高84.7cm，紧凑株型，第二茎秆直径4.17mm。全生育期为105d，单株穗数为7.7穗，穗姿水平、六棱，穗和芒色为紫色，穗长7.7cm，每穗59.3粒。长芒、光芒，裸粒，粒呈紫色、椭圆形，千粒重为43.47g。

四、品质检测结果

项目	数值	项目	数值	项目	数值
蛋白质（%）	13.44	VB$_6$（mg/kg）	55.26	丙氨酸（mg/g）	5.19
淀粉（%）	64.62	VE（mg/kg）	240.87	精氨酸（mg/g）	6.52
纤维素（%）	—	脯氨酸（mg/g）	8.51	苏氨酸（mg/g）	4.21
木质素（%）	—	赖氨酸（mg/g）	3.86	甘氨酸（mg/g）	4.01
Ca（mg/kg）	984.62	亮氨酸（mg/g）	7.96	组氨酸（mg/g）	0.76
Zn（mg/kg）	49.92	异亮氨酸（mg/g）	4.02	丝氨酸（mg/g）	4.80
Fe（mg/kg）	95.81	苯丙氨酸（mg/g）	5.60	谷氨酸（mg/g）	31.54
P（mg/kg）	5 136.16	甲硫氨酸（mg/g）	0.37	天冬氨酸（mg/g）	7.08
Se（mg/kg）	0.11	缬氨酸（mg/g）	0.64	γ-氨基丁酸（mg/g）	2.89
VB$_1$（mg/kg）	710.62	胱氨酸（mg/g）	6.06	β-葡聚糖（mg/g）	22.42
VB$_2$（mg/kg）	231.51	酪氨酸（mg/g）	3.51		

五、DNA指纹条形码

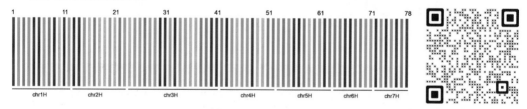

六、附图

田间整体图片

田间穗部图片

籽粒图片

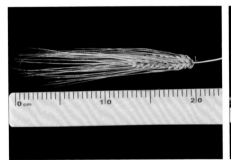

穗部图片

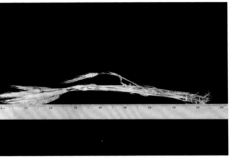

成熟期整株图片

BJX130

一、原产地：西藏定日

二、国家统一编号：ZDM06951

三、形态特征及生物学特性

幼苗叶片、叶耳均为绿色。株高85.6cm，紧凑株型，第二茎秆直径3.58mm。全生育期为103d，单株穗数为9.2穗，穗姿下垂、六棱，穗和芒色为紫色，穗长7.2cm，每穗63.6粒。长芒、光芒，裸粒，粒呈紫色、椭圆形，千粒重为51.8g。

四、品质检测结果

项目	数值	项目	数值	项目	数值
蛋白质（%）	10.90	VB$_6$（mg/kg）	53.34	丙氨酸（mg/g）	3.67
淀粉（%）	67.22	VE（mg/kg）	237.13	精氨酸（mg/g）	4.35
纤维素（%）	—	脯氨酸（mg/g）	9.50	苏氨酸（mg/g）	3.27
木质素（%）	—	赖氨酸（mg/g）	3.84	甘氨酸（mg/g）	3.69
Ca（mg/kg）	833.33	亮氨酸（mg/g）	6.35	组氨酸（mg/g）	0.31
Zn（mg/kg）	40.02	异亮氨酸（mg/g）	3.15	丝氨酸（mg/g）	4.03
Fe（mg/kg）	73.45	苯丙氨酸（mg/g）	4.51	谷氨酸（mg/g）	27.01
P（mg/kg）	3 938.32	甲硫氨酸（mg/g）	0.32	天冬氨酸（mg/g）	4.62
Se（mg/kg）	0.51	缬氨酸（mg/g）	0.70	γ-氨基丁酸（mg/g）	1.31
VB$_1$（mg/kg）	678.83	胱氨酸（mg/g）	4.75	β-葡聚糖（mg/g）	21.73
VB$_2$（mg/kg）	227.23	酪氨酸（mg/g）	2.68		

五、DNA指纹条形码

六、附图

田间整体图片

田间穗部图片

籽粒图片

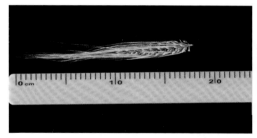

穗部图片

成熟期整株图片

BJX131

一、原产地：西藏定日

二、国家统一编号：ZDM06952

三、形态特征及生物学特性

幼苗叶片、叶耳均为绿色。株高92.5cm，中等株型，第二茎秆直径5.11mm。全生育期为101d，单株穗数为14.0穗，穗姿水平、六棱，穗和芒色为紫色、黄色、黑色，穗长7.0cm，每穗60.0粒。长芒、齿芒，裸粒，粒呈紫色、椭圆形，千粒重为35.71g。

四、品质检测结果

项目	数值	项目	数值	项目	数值
蛋白质（%）	12.94	VB_6（mg/kg）	61.55	丙氨酸（mg/g）	4.09
淀粉（%）	61.35	VE（mg/kg）	216.76	精氨酸（mg/g）	5.07
纤维素（%）	—	脯氨酸（mg/g）	7.24	苏氨酸（mg/g）	3.75
木质素（%）	—	赖氨酸（mg/g）	4.96	甘氨酸（mg/g）	4.21
Ca（mg/kg）	934.28	亮氨酸（mg/g）	6.93	组氨酸（mg/g）	1.01
Zn（mg/kg）	44.98	异亮氨酸（mg/g）	3.33	丝氨酸（mg/g）	4.45
Fe（mg/kg）	84.21	苯丙氨酸（mg/g）	5.19	谷氨酸（mg/g）	21.13
P（mg/kg）	4322.84	甲硫氨酸（mg/g）	0.24	天冬氨酸（mg/g）	5.90
Se（mg/kg）	0.21	缬氨酸（mg/g）	0.72	γ-氨基丁酸（mg/g）	2.30
VB_1（mg/kg）	691.94	胱氨酸（mg/g）	4.76	β-葡聚糖（mg/g）	22.87
VB_2（mg/kg）	202.33	酪氨酸（mg/g）	3.14		

五、DNA指纹条形码

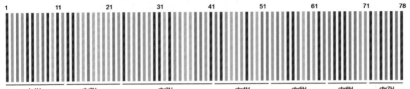

六、附图

田间整体图片

田间穗部图片　　　　　　　　　　籽粒图片

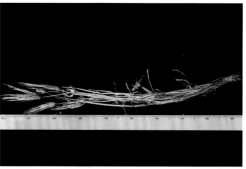

穗部图片　　　　　　　　　　成熟期整株图片

BJX132

一、原产地：西藏定日

二、国家统一编号：ZDM06953

三、形态特征及生物学特性

幼苗叶片、叶耳均为绿色。株高90.3cm，紧凑株型，第二茎秆直径2.48mm。全生育期为105d，单株穗数为11.0穗，穗姿下垂、六棱，穗和芒色为紫黄色，穗长7.0cm，每穗56.0粒。长芒、光芒，裸粒，粒呈紫色、椭圆形，千粒重为50.21g。

四、品质检测结果

项目	数值	项目	数值	项目	数值
蛋白质（%）	12.01	VB$_6$（mg/kg）	59.23	丙氨酸（mg/g）	4.60
淀粉（%）	69.33	VE（mg/kg）	267.03	精氨酸（mg/g）	5.46
纤维素（%）	—	脯氨酸（mg/g）	6.70	苏氨酸（mg/g）	3.93
木质素（%）	—	赖氨酸（mg/g）	4.14	甘氨酸（mg/g）	4.34
Ca（mg/kg）	860.26	亮氨酸（mg/g）	7.31	组氨酸（mg/g）	0.58
Zn（mg/kg）	44.64	异亮氨酸（mg/g）	3.67	丝氨酸（mg/g）	4.87
Fe（mg/kg）	129.06	苯丙氨酸（mg/g）	5.54	谷氨酸（mg/g）	21.37
P（mg/kg）	4830.18	甲硫氨酸（mg/g）	0.28	天冬氨酸（mg/g）	6.93
Se（mg/kg）	0.17	缬氨酸（mg/g）	0.50	γ-氨基丁酸（mg/g）	1.85
VB$_1$（mg/kg）	719.92	胱氨酸（mg/g）	5.53	β-葡聚糖（mg/g）	21.40
VB$_2$（mg/kg）	218.62	酪氨酸（mg/g）	3.42		

五、DNA指纹条形码

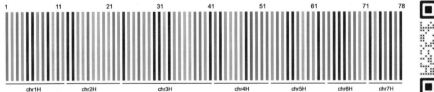

六、附图

田间整体图片

田间穗部图片

籽粒图片

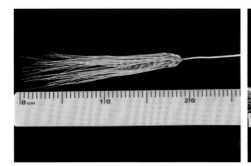

穗部图片

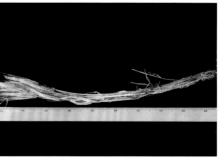

成熟期整株图片

BJX133

一、原产地：西藏定日

二、国家统一编号：ZDM06954

三、形态特征及生物学特性

　　幼苗叶片、叶耳均为绿色。株高86.3cm，紧凑株型，第二茎秆直径3.37mm。全生育期为103d，单株穗数为8.0穗，穗姿下垂、六棱，穗和芒色为紫色，穗长7.7cm，每穗56.0粒。长芒、光芒，裸粒，粒呈紫色、椭圆形，千粒重为51.57g。

四、品质检测结果

项目	数值	项目	数值	项目	数值
蛋白质（%）	13.42	VB$_6$（mg/kg）	60.41	丙氨酸（mg/g）	4.12
淀粉（%）	69.65	VE（mg/kg）	280.19	精氨酸（mg/g）	5.44
纤维素（%）	—	脯氨酸（mg/g）	4.95	苏氨酸（mg/g）	3.60
木质素（%）	—	赖氨酸（mg/g）	3.10	甘氨酸（mg/g）	3.80
Ca（mg/kg）	1069.67	亮氨酸（mg/g）	6.79	组氨酸（mg/g）	0.47
Zn（mg/kg）	79.23	异亮氨酸（mg/g）	3.37	丝氨酸（mg/g）	4.61
Fe（mg/kg）	154.68	苯丙氨酸（mg/g）	5.13	谷氨酸（mg/g）	22.48
P（mg/kg）	6179.58	甲硫氨酸（mg/g）	0.28	天冬氨酸（mg/g）	5.47
Se（mg/kg）	0.25	缬氨酸（mg/g）	0.43	γ-氨基丁酸（mg/g）	3.34
VB$_1$（mg/kg）	785.39	胱氨酸（mg/g）	4.95	β-葡聚糖（mg/g）	26.76
VB$_2$（mg/kg）	206.80	酪氨酸（mg/g）	2.90		

五、DNA指纹条形码

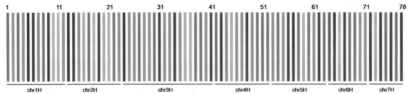

六、附图

田间整体图片

田间穗部图片

籽粒图片

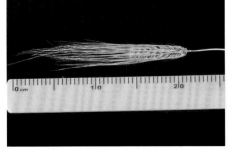

穗部图片

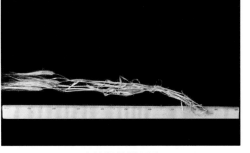

成熟期整株图片

BJX135

一、原产地：西藏定日

二、国家统一编号：ZDM06956

三、形态特征及生物学特性

幼苗叶片、叶耳均为绿色。株高100.5cm，紧凑株型，第二茎秆直径4.33mm。全生育期为105d，单株穗数为7.0穗，穗姿水平、六棱，穗和芒色为紫黑色，穗长7.0cm，每穗54.0粒。长芒、齿芒，裸粒，粒呈紫色、椭圆形，千粒重为52.86g。

四、品质检测结果

项目	数值	项目	数值	项目	数值
蛋白质（%）	13.42	VB$_6$（mg/kg）	66.09	丙氨酸（mg/g）	4.09
淀粉（%）	69.65	VE（mg/kg）	270.57	精氨酸（mg/g）	5.09
纤维素（%）	—	脯氨酸（mg/g）	6.01	苏氨酸（mg/g）	3.45
木质素（%）	—	赖氨酸（mg/g）	3.39	甘氨酸（mg/g）	4.08
Ca（mg/kg）	884.87	亮氨酸（mg/g）	6.77	组氨酸（mg/g）	0.63
Zn（mg/kg）	44.14	异亮氨酸（mg/g）	3.39	丝氨酸（mg/g）	4.66
Fe（mg/kg）	137.32	苯丙氨酸（mg/g）	5.64	谷氨酸（mg/g）	22.34
P（mg/kg）	4838.86	甲硫氨酸（mg/g）	0.28	天冬氨酸（mg/g）	5.37
Se（mg/kg）	0.11	缬氨酸（mg/g）	0.74	γ-氨基丁酸（mg/g）	2.77
VB$_1$（mg/kg）	782.37	胱氨酸（mg/g）	4.99	β-葡聚糖（mg/g）	23.33
VB$_2$（mg/kg）	219.99	酪氨酸（mg/g）	3.01		

五、DNA指纹条形码

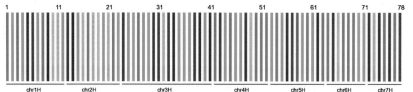

六、附图

田间整体图片

田间穗部图片

籽粒图片

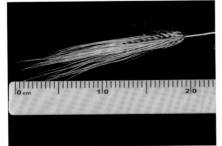

穗部图片

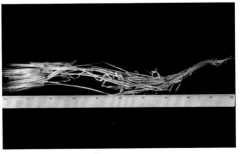

成熟期整株图片

BJX136

一、原产地：西藏定日

二、国家统一编号：ZDM06957

三、形态特征及生物学特性

幼苗叶片、叶耳均为绿色。株高103.6cm，紧凑株型，第二茎秆直径3.84mm。全生育期为114d，单株穗数为5.4穗，穗姿下垂、六棱，穗和芒色为黑色，穗长5.8cm，每穗53.8粒。长芒、光芒，裸粒，粒呈褐色、椭圆形，千粒重为50.0g。

四、品质检测结果

项目	数值	项目	数值	项目	数值
蛋白质（%）	13.47	VB$_6$（mg/kg）	65.64	丙氨酸（mg/g）	5.05
淀粉（%）	66.63	VE（mg/kg）	308.30	精氨酸（mg/g）	5.92
纤维素（%）	—	脯氨酸（mg/g）	11.10	苏氨酸（mg/g）	4.66
木质素（%）	—	赖氨酸（mg/g）	3.39	甘氨酸（mg/g）	5.31
Ca（mg/kg）	939.48	亮氨酸（mg/g）	3.72	组氨酸（mg/g）	1.75
Zn（mg/kg）	55.71	异亮氨酸（mg/g）	7.89	丝氨酸（mg/g）	5.50
Fe（mg/kg）	92.62	苯丙氨酸（mg/g）	5.75	谷氨酸（mg/g）	26.49
P（mg/kg）	5598.35	甲硫氨酸（mg/g）	4.80	天冬氨酸（mg/g）	7.99
Se（mg/kg）	0.76	缬氨酸（mg/g）	0.57	γ-氨基丁酸（mg/g）	2.30
VB$_1$（mg/kg）	732.10	胱氨酸（mg/g）	5.88	β-葡聚糖（mg/g）	25.00
VB$_2$（mg/kg）	244.73	酪氨酸（mg/g）	3.56		

五、DNA指纹条形码

六、附图

田间整体图片

田间穗部图片

籽粒图片

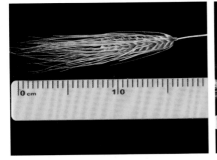

穗部图片

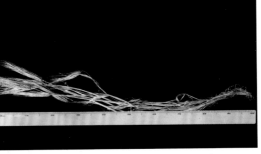

成熟期整株图片

BJX0141

一、原产地：西藏定日

二、国家统一编号：ZDM07019

三、形态特征及生物学特性

幼苗叶片、叶耳均为绿色。株高85.6cm，紧凑株型，第二茎秆直径3.57mm。全生育期为114d，单株穗数为12.8穗，穗姿下垂、六棱，穗和芒色为紫色，穗长8.2cm，每穗54.0粒。长芒、光芒，裸粒，粒呈黑色、椭圆形，千粒重为53.64g。

四、品质检测结果

项目	数值	项目	数值	项目	数值
蛋白质（%）	15.72	VB$_6$（mg/kg）	57.59	丙氨酸（mg/g）	6.66
淀粉（%）	63.15	VE（mg/kg）	272.78	精氨酸（mg/g）	8.67
纤维素（%）	19.79	脯氨酸（mg/g）	8.25	苏氨酸（mg/g）	5.53
木质素（%）	13.12	赖氨酸（mg/g）	5.78	甘氨酸（mg/g）	6.77
Ca（mg/kg）	877.24	亮氨酸（mg/g）	10.77	组氨酸（mg/g）	1.66
Zn（mg/kg）	50.75	异亮氨酸（mg/g）	5.31	丝氨酸（mg/g）	7.13
Fe（mg/kg）	105.61	苯丙氨酸（mg/g）	8.13	谷氨酸（mg/g）	36.79
P（mg/kg）	5575.16	甲硫氨酸（mg/g）	0.29	天冬氨酸（mg/g）	9.31
Se（mg/kg）	0.281	缬氨酸（mg/g）	1.11	γ-氨基丁酸（mg/g）	3.783
VB$_1$（mg/kg）	656.35	胱氨酸（mg/g）	9.05	β-葡聚糖（mg/g）	24.64
VB$_2$（mg/kg）	222.85	酪氨酸（mg/g）	4.53		

五、DNA指纹条形码

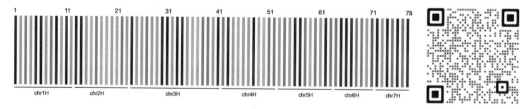

六、附图

田间整体图片

田间穗部图片

籽粒图片

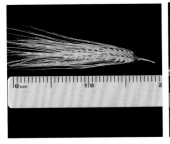

穗部图片

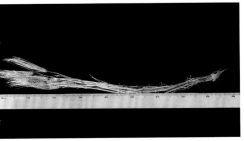

成熟期整株图片

BJX0147

一、原产地：西藏定日

二、国家统一编号：ZDM07115

三、形态特征及生物学特性

幼苗叶片、叶耳均为绿色。株高101.6cm，紧凑株型，第二茎秆直径4.33mm。全生育期为109d，单株穗数为23.8穗，穗姿水平、六棱，穗和芒色为黑色、紫色，穗长8.8cm，每穗57.2粒。长芒、光芒、裸粒，粒呈紫色、椭圆形，千粒重为39.52g。

四、品质检测结果

项目	数值	项目	数值	项目	数值
蛋白质（%）	12.86	VB$_6$（mg/kg）	54.85	丙氨酸（mg/g）	3.45
淀粉（%）	66.79	VE（mg/kg）	275.51	精氨酸（mg/g）	4.17
纤维素（%）	19.51	脯氨酸（mg/g）	6.81	苏氨酸（mg/g）	2.82
木质素（%）	14.29	赖氨酸（mg/g）	3.69	甘氨酸（mg/g）	3.14
Ca（mg/kg）	923.31	亮氨酸（mg/g）	5.55	组氨酸（mg/g）	0.37
Zn（mg/kg）	34.88	异亮氨酸（mg/g）	2.95	丝氨酸（mg/g）	3.60
Fe（mg/kg）	78.18	苯丙氨酸（mg/g）	4.36	谷氨酸（mg/g）	18.73
P（mg/kg）	3 869.37	甲硫氨酸（mg/g）	0.28	天冬氨酸（mg/g）	4.49
Se（mg/kg）	0.258	缬氨酸（mg/g）	0.03	γ-氨基丁酸（mg/g）	3.208
VB$_1$（mg/kg）	774.39	胱氨酸（mg/g）	3.79	β-葡聚糖（mg/g）	16.88
VB$_2$（mg/kg）	208.91	酪氨酸（mg/g）	2.52		

五、DNA指纹条形码

六、附图

田间整体图片

田间穗部图片

籽粒图片

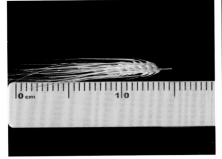

穗部图片

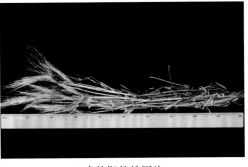

成熟期整株图片

BJX0149

一、原产地： 西藏定日

二、国家统一编号： ZDM07119

三、形态特征及生物学特性

幼苗叶片、叶耳均为绿色。株高91.4cm，紧凑株型，第二茎秆直径4.33mm。全生育期为116d，单株穗数为23.8穗，穗姿下垂、六棱，穗和芒色为黑色，穗长8.6cm，每穗70.6粒。长芒、光芒，裸粒，粒呈黑色、椭圆形，千粒重为45.84g。

四、品质检测结果

项目	数值	项目	数值	项目	数值
蛋白质（%）	22.55	VB$_6$（mg/kg）	62.76	丙氨酸（mg/g）	7.03
淀粉（%）	46.74	VE（mg/kg）	281.49	精氨酸（mg/g）	9.04
纤维素（%）	18.98	脯氨酸（mg/g）	13.36	苏氨酸（mg/g）	5.66
木质素（%）	9.34	赖氨酸（mg/g）	6.30	甘氨酸（mg/g）	7.36
Ca（mg/kg）	1182.09	亮氨酸（mg/g）	10.74	组氨酸（mg/g）	1.99
Zn（mg/kg）	90.30	异亮氨酸（mg/g）	5.49	丝氨酸（mg/g）	7.02
Fe（mg/kg）	161.06	苯丙氨酸（mg/g）	8.93	谷氨酸（mg/g）	37.09
P（mg/kg）	8671.45	甲硫氨酸（mg/g）	0.28	天冬氨酸（mg/g）	9.81
Se（mg/kg）	0.450	缬氨酸（mg/g）	0.51	γ-氨基丁酸（mg/g）	7.641
VB$_1$（mg/kg）	841.75	胱氨酸（mg/g）	8.40	β-葡聚糖（mg/g）	24.67
VB$_2$（mg/kg）	267.77	酪氨酸（mg/g）	4.70		

五、DNA指纹条形码

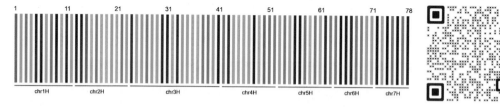

六、附图

田间整体图片

田间穗部图片

籽粒图片

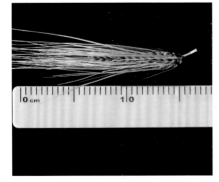

穗部图片

成熟期整株图片

BJX0153

一、原产地：西藏定日

二、国家统一编号：ZDM07268

三、形态特征及生物学特性

幼苗叶片、叶耳均为绿色。株高82.2cm，紧凑株型，第二茎秆直径4.23mm。全生育期为124d，单株穗数为11.6穗，穗姿下垂、六棱，穗和芒色为紫色，穗长7.8cm，每穗55.8粒。长芒、光芒，裸粒，粒呈褐色、椭圆形，千粒重为55.44g。

四、品质检测结果

项目	数值	项目	数值	项目	数值
蛋白质（%）	15.81	VB$_6$（mg/kg）	39.51	丙氨酸（mg/g）	6.93
淀粉（%）	66.26	VE（mg/kg）	207.40	精氨酸（mg/g）	8.74
纤维素（%）	20.41	脯氨酸（mg/g）	11.22	苏氨酸（mg/g）	6.52
木质素（%）	8.56	赖氨酸（mg/g）	5.09	甘氨酸（mg/g）	6.56
Ca（mg/kg）	1007.54	亮氨酸（mg/g）	11.77	组氨酸（mg/g）	4.24
Zn（mg/kg）	51.43	异亮氨酸（mg/g）	5.90	丝氨酸（mg/g）	7.17
Fe（mg/kg）	95.85	苯丙氨酸（mg/g）	9.59	谷氨酸（mg/g）	45.23
P（mg/kg）	4246.10	甲硫氨酸（mg/g）	0.27	天冬氨酸（mg/g）	9.35
Se（mg/kg）	0.275	缬氨酸（mg/g）	1.51	γ-氨基丁酸（mg/g）	5.710
VB$_1$（mg/kg）	597.26	胱氨酸（mg/g）	9.55	β-葡聚糖（mg/g）	25.47
VB$_2$（mg/kg）	169.94	酪氨酸（mg/g）	5.17		

五、DNA指纹条形码

六、附图

田间整体图片

田间穗部图片

籽粒图片

穗部图片

成熟期整株图片

BJX0163

一、原产地：西藏定日

二、国家统一编号：ZDM07426

三、形态特征及生物学特性

幼苗叶片、叶耳均为绿色。株高92.3cm，紧凑株型，第二茎秆直径2.95mm。全生育期为103d，单株穗数为6.3穗，穗姿下垂、六棱，穗和芒色为黄色，穗长7.7cm，每穗56.3粒。长芒、光芒，裸粒，粒呈黄色、椭圆形，千粒重为44.32g。

四、品质检测结果

项目	数值	项目	数值	项目	数值
蛋白质（%）	12.79	VB$_6$（mg/kg）	49.97	丙氨酸（mg/g）	4.44
淀粉（%）	64.34	VE（mg/kg）	255.30	精氨酸（mg/g）	5.36
纤维素（%）	22.40	脯氨酸（mg/g）	6.19	苏氨酸（mg/g）	4.22
木质素（%）	12.93	赖氨酸（mg/g）	4.32	甘氨酸（mg/g）	4.68
Ca（mg/kg）	975.78	亮氨酸（mg/g）	6.84	组氨酸（mg/g）	0.03
Zn（mg/kg）	49.66	异亮氨酸（mg/g）	3.56	丝氨酸（mg/g）	4.39
Fe（mg/kg）	100.78	苯丙氨酸（mg/g）	5.23	谷氨酸（mg/g）	24.66
P（mg/kg）	5373.06	甲硫氨酸（mg/g）	0.27	天冬氨酸（mg/g）	6.30
Se（mg/kg）	1.022	缬氨酸（mg/g）	1.00	γ-氨基丁酸（mg/g）	3.044
VB$_1$（mg/kg）	766.03	胱氨酸（mg/g）	5.19	β-葡聚糖（mg/g）	24.92
VB$_2$（mg/kg）	227.48	酪氨酸（mg/g）	2.93		

五、DNA指纹条形码

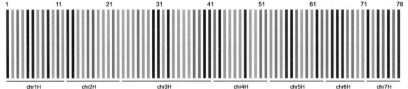

六、附图

田间整体图片

田间穗部图片

籽粒图片

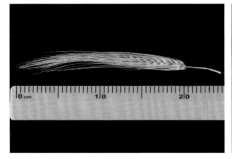

穗部图片

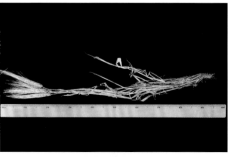

成熟期整株图片

BJX0170

一、原产地：西藏定日

二、国家统一编号：ZDM07458

三、形态特征及生物学特性

幼苗叶片、叶耳均为绿色。株高102.3cm，紧凑株型，第二茎秆直径4.11mm。全生育期为114d，单株穗数为6.0穗，穗姿下垂、六棱，穗和芒色为紫色，穗长7.7cm，每穗61.7粒。长芒、光芒，裸粒，粒呈褐色、椭圆形，千粒重为38.55g。

四、品质检测结果

项目	数值	项目	数值	项目	数值
蛋白质（%）	17.88	VB$_6$（mg/kg）	52.43	丙氨酸（mg/g）	5.40
淀粉（%）	64.58	VE（mg/kg）	277.83	精氨酸（mg/g）	6.50
纤维素（%）	21.16	脯氨酸（mg/g）	11.40	苏氨酸（mg/g）	4.66
木质素（%）	11.24	赖氨酸（mg/g）	4.25	甘氨酸（mg/g）	5.51
Ca（mg/kg）	1 139.90	亮氨酸（mg/g）	9.39	组氨酸（mg/g）	0.12
Zn（mg/kg）	71.61	异亮氨酸（mg/g）	4.51	丝氨酸（mg/g）	5.97
Fe（mg/kg）	142.71	苯丙氨酸（mg/g）	7.23	谷氨酸（mg/g）	35.42
P（mg/kg）	6 202.05	甲硫氨酸（mg/g）	0.27	天冬氨酸（mg/g）	7.42
Se（mg/kg）	0.564	缬氨酸（mg/g）	0.07	γ-氨基丁酸（mg/g）	5.287
VB$_1$（mg/kg）	715.54	胱氨酸（mg/g）	6.55	β-葡聚糖（mg/g）	24.70
VB$_2$（mg/kg）	211.67	酪氨酸（mg/g）	4.05		

五、DNA指纹条形码

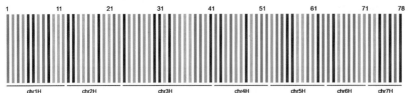

六、附图

田间整体图片

田间穗部图片

籽粒图片

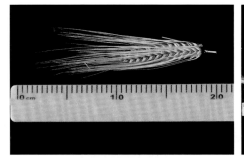

穗部图片

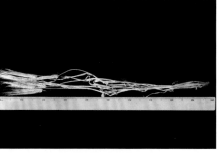

成熟期整株图片

BJX0171

一、原产地：西藏定日

二、国家统一编号：ZDM07459

三、形态特征及生物学特性

幼苗叶片、叶耳均为绿色。株高104.7cm，中等株型，第二茎秆直径3.86mm。全生育期为114d，单株穗数为8.0穗，穗姿下垂、六棱，穗和芒色为黑色，穗长6.3cm，每穗51.3粒。长芒、光芒，裸粒，粒呈褐色、椭圆形，千粒重为41.36g。

四、品质检测结果

项目	数值	项目	数值	项目	数值
蛋白质（%）	15.28	VB$_6$（mg/kg）	54.95	丙氨酸（mg/g）	5.27
淀粉（%）	67.67	VE（mg/kg）	270.10	精氨酸（mg/g）	6.10
纤维素（%）	25.08	脯氨酸（mg/g）	10.18	苏氨酸（mg/g）	4.61
木质素（%）	14.09	赖氨酸（mg/g）	4.75	甘氨酸（mg/g）	5.26
Ca（mg/kg）	1 093.71	亮氨酸（mg/g）	8.57	组氨酸（mg/g）	0.12
Zn（mg/kg）	55.13	异亮氨酸（mg/g）	4.21	丝氨酸（mg/g）	5.22
Fe（mg/kg）	141.27	苯丙氨酸（mg/g）	6.18	谷氨酸（mg/g）	31.15
P（mg/kg）	6 164.22	甲硫氨酸（mg/g）	0.27	天冬氨酸（mg/g）	7.67
Se（mg/kg）	0.485	缬氨酸（mg/g）	0.07	γ - 氨基丁酸（mg/g）	3.939
VB$_1$（mg/kg）	807.74	胱氨酸（mg/g）	5.96	β - 葡聚糖（mg/g）	24.16
VB$_2$（mg/kg）	223.39	酪氨酸（mg/g）	3.45		

五、DNA指纹条形码

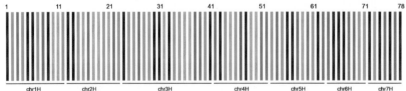

六、附图

田间整体图片

田间穗部图片

籽粒图片

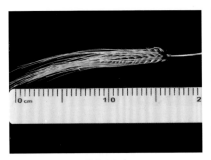

穗部图片

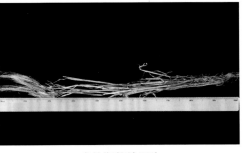

成熟期整株图片

BJX0173

一、原产地：西藏定日

二、国家统一编号：ZDM07461

三、形态特征及生物学特性

幼苗叶片、叶耳均为绿色。株高113.0cm，紧凑株型，第二茎秆直径4.67mm。全生育期为114d，单株穗数为11.0穗，穗姿水平、六棱，穗和芒色为黄黑色，穗长7.4cm，每穗68.0粒。长芒、光芒，裸粒，粒呈黄色、椭圆形，千粒重为49.91g。

四、品质检测结果

项目	数值	项目	数值	项目	数值
蛋白质（%）	15.32	VB_6（mg/kg）	56.69	丙氨酸（mg/g）	5.39
淀粉（%）	69.79	VE（mg/kg）	236.36	精氨酸（mg/g）	5.83
纤维素（%）	16.30	脯氨酸（mg/g）	7.70	苏氨酸（mg/g）	4.36
木质素（%）	10.36	赖氨酸（mg/g）	4.28	甘氨酸（mg/g）	4.90
Ca（mg/kg）	1191.51	亮氨酸（mg/g）	8.49	组氨酸（mg/g）	0.03
Zn（mg/kg）	65.56	异亮氨酸（mg/g）	4.14	丝氨酸（mg/g）	4.43
Fe（mg/kg）	111.53	苯丙氨酸（mg/g）	5.92	谷氨酸（mg/g）	29.69
P（mg/kg）	7861.81	甲硫氨酸（mg/g）	0.31	天冬氨酸（mg/g）	7.57
Se（mg/kg）	0.423	缬氨酸（mg/g）	0.06	γ-氨基丁酸（mg/g）	4.389
VB_1（mg/kg）	724.37	胱氨酸（mg/g）	6.73	β-葡聚糖（mg/g）	28.00
VB_2（mg/kg）	207.25	酪氨酸（mg/g）	3.37		

五、DNA指纹条形码

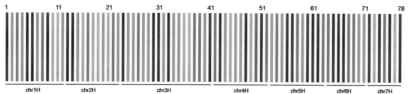

六、附图

田间整体图片

田间穗部图片

籽粒图片

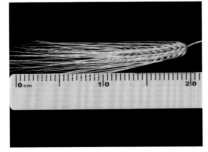

穗部图片

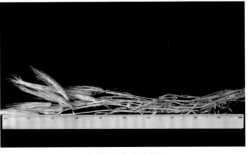

成熟期整株图片

BJX0174

一、原产地：西藏定日

二、国家统一编号：ZDM07464

三、形态特征及生物学特性

幼苗叶片、叶耳均为绿色。株高100.3cm，紧凑株型，第二茎秆直径3.66mm。全生育期为109d，单株穗数为8.3穗，穗姿下垂、六棱，穗和芒色为黄色，穗长6.7cm，每穗55.3粒。长芒、光芒，裸粒，粒呈黄色、椭圆形，千粒重为46.68g。

四、品质检测结果

项目	数值	项目	数值	项目	数值
蛋白质（%）	12.86	VB$_6$（mg/kg）	55.82	丙氨酸（mg/g）	4.03
淀粉（%）	66.34	VE（mg/kg）	257.01	精氨酸（mg/g）	4.39
纤维素（%）	16.98	脯氨酸（mg/g）	9.50	苏氨酸（mg/g）	3.43
木质素（%）	11.71	赖氨酸（mg/g）	3.76	甘氨酸（mg/g）	4.11
Ca（mg/kg）	955.06	亮氨酸（mg/g）	6.89	组氨酸（mg/g）	0.22
Zn（mg/kg）	48.12	异亮氨酸（mg/g）	3.44	丝氨酸（mg/g）	4.30
Fe（mg/kg）	96.91	苯丙氨酸（mg/g）	4.83	谷氨酸（mg/g）	25.03
P（mg/kg）	5655.92	甲硫氨酸（mg/g）	0.28	天冬氨酸（mg/g）	5.34
Se（mg/kg）	0.988	缬氨酸（mg/g）	0.06	γ-氨基丁酸（mg/g）	3.266
VB$_1$（mg/kg）	657.95	胱氨酸（mg/g）	5.07	β-葡聚糖（mg/g）	25.36
VB$_2$（mg/kg）	221.39	酪氨酸（mg/g）	0.08		

五、DNA指纹条形码

六、附图

田间整体图片

田间穗部图片

籽粒图片

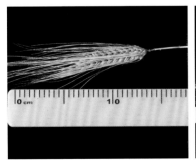

穗部图片

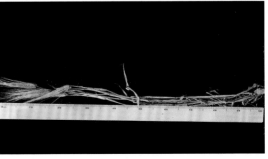

成熟期整株图片

BJX0176

一、原产地：西藏定日

二、国家统一编号：ZDM07466

三、形态特征及生物学特性

幼苗叶片、叶耳均为绿色。株高90.0cm，紧凑株型，第二茎秆直径2.55mm。全生育期为109d，单株穗数为12.3穗，穗姿下垂、六棱，穗和芒色为黑色，穗长6.0cm，每穗63.3粒。长芒、光芒，裸粒，粒呈黑色、椭圆形，千粒重为47.36g。

四、品质检测结果

项目	数值	项目	数值	项目	数值
蛋白质（%）	14.92	VB_6（mg/kg）	56.76	丙氨酸（mg/g）	5.79
淀粉（%）	68.61	VE（mg/kg）	236.61	精氨酸（mg/g）	6.92
纤维素（%）	13.98	脯氨酸（mg/g）	9.70	苏氨酸（mg/g）	4.97
木质素（%）	13.73	赖氨酸（mg/g）	5.10	甘氨酸（mg/g）	5.59
Ca（mg/kg）	962.67	亮氨酸（mg/g）	9.61	组氨酸（mg/g）	0.97
Zn（mg/kg）	55.73	异亮氨酸（mg/g）	4.84	丝氨酸（mg/g）	6.03
Fe（mg/kg）	102.79	苯丙氨酸（mg/g）	7.11	谷氨酸（mg/g）	36.87
P（mg/kg）	5420.61	甲硫氨酸（mg/g）	0.30	天冬氨酸（mg/g）	8.10
Se（mg/kg）	4.826	缬氨酸（mg/g）	0.79	γ-氨基丁酸（mg/g）	4.921
VB_1（mg/kg）	668.33	胱氨酸（mg/g）	7.49	β-葡聚糖（mg/g）	24.31
VB_2（mg/kg）	252.91	酪氨酸（mg/g）	4.46		

五、DNA指纹条形码

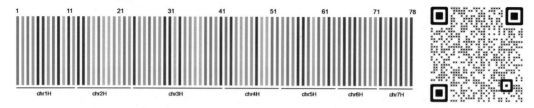

六、附图

田间整体图片

田间穗部图片

籽粒图片

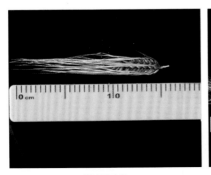

穗部图片

成熟期整株图片

BJX0177

一、原产地：西藏定日

二、国家统一编号：ZDM07467

三、形态特征及生物学特性

幼苗叶片、叶耳均为绿色。株高97.3cm，中等株型，第二茎秆直径3.92mm。全生育期为114d，单株穗数为9.3穗，穗姿下垂、六棱，穗和芒色为黄色、紫色，穗长7.3cm，每穗59.3粒。长芒、光芒、裸粒，粒呈褐色、椭圆形，千粒重为48.79g。

四、品质检测结果

项目	数值	项目	数值	项目	数值
蛋白质（%）	16.85	VB$_6$（mg/kg）	52.92	丙氨酸（mg/g）	5.59
淀粉（%）	67.82	VE（mg/kg）	226.28	精氨酸（mg/g）	6.75
纤维素（%）	18.19	脯氨酸（mg/g）	11.29	苏氨酸（mg/g）	5.01
木质素（%）	12.81	赖氨酸（mg/g）	4.95	甘氨酸（mg/g）	5.62
Ca（mg/kg）	1203.30	亮氨酸（mg/g）	9.97	组氨酸（mg/g）	0.73
Zn（mg/kg）	59.65	异亮氨酸（mg/g）	5.08	丝氨酸（mg/g）	6.17
Fe（mg/kg）	97.33	苯丙氨酸（mg/g）	7.92	谷氨酸（mg/g）	42.96
P（mg/kg）	5290.42	甲硫氨酸（mg/g）	0.48	天冬氨酸（mg/g）	7.67
Se（mg/kg）	0.977	缬氨酸（mg/g）	1.03	γ-氨基丁酸（mg/g）	4.136
VB$_1$（mg/kg）	667.25	胱氨酸（mg/g）	8.05	β-葡聚糖（mg/g）	26.56
VB$_2$（mg/kg）	257.16	酪氨酸（mg/g）	4.19		

五、DNA指纹条形码

六、附图

田间整体图片

田间穗部图片

籽粒图片

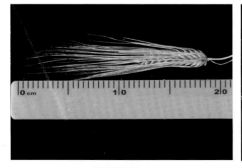

穗部图片

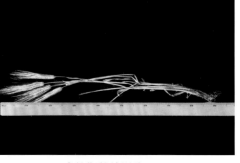

成熟期整株图片

BJX0180

一、原产地：西藏定日

二、国家统一编号：ZDM07477

三、形态特征及生物学特性

幼苗叶片、叶耳均为绿色。株高93.0cm，中等株型，第二茎秆直径2.43mm。全生育期为109d，单株穗数为7.3穗，穗姿下垂、六棱，穗和芒色为紫色，穗长6.0cm，每穗55.0粒。长芒、光芒，裸粒，粒呈紫色、椭圆形，千粒重为45.01g。

四、品质检测结果

项目	数值	项目	数值	项目	数值
蛋白质（%）	13.31	VB_6（mg/kg）	51.46	丙氨酸（mg/g）	4.58
淀粉（%）	59.17	VE（mg/kg）	247.73	精氨酸（mg/g）	5.15
纤维素（%）	19.09	脯氨酸（mg/g）	2.16	苏氨酸（mg/g）	3.60
木质素（%）	12.93	赖氨酸（mg/g）	4.30	甘氨酸（mg/g）	4.34
Ca（mg/kg）	1221.15	亮氨酸（mg/g）	7.33	组氨酸（mg/g）	0.29
Zn（mg/kg）	54.40	异亮氨酸（mg/g）	3.68	丝氨酸（mg/g）	4.53
Fe（mg/kg）	120.58	苯丙氨酸（mg/g）	5.35	谷氨酸（mg/g）	27.57
P（mg/kg）	6172.87	甲硫氨酸（mg/g）	0.51	天冬氨酸（mg/g）	6.34
Se（mg/kg）	2.242	缬氨酸（mg/g）	0.79	γ-氨基丁酸（mg/g）	4.471
VB_1（mg/kg）	609.35	胱氨酸（mg/g）	6.01	β-葡聚糖（mg/g）	25.42
VB_2（mg/kg）	234.14	酪氨酸（mg/g）	3.15		

五、DNA指纹条形码

六、附图

田间整体图片

田间穗部图片

籽粒图片

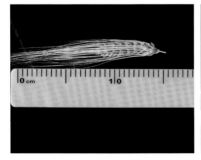

穗部图片

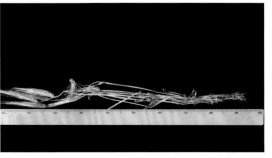

成熟期整株图片

BJX0181

一、原产地：西藏定日

二、国家统一编号：ZDM07479

三、形态特征及生物学特性

幼苗叶片、叶耳均为绿色。株高97.4cm，中等株型，第二茎秆直径3.25mm。全生育期为114d，单株穗数为3.8穗，穗姿水平、六棱，穗和芒色为黄色，穗长8.2cm，每穗62.8粒。长芒、光芒，裸粒，粒呈褐色、椭圆形，千粒重为47.96g。

四、品质检测结果

项目	数值	项目	数值	项目	数值
蛋白质（%）	12.16	VB$_6$（mg/kg）	51.81	丙氨酸（mg/g）	4.22
淀粉（%）	69.31	VE（mg/kg）	236.76	精氨酸（mg/g）	4.51
纤维素（%）	19.10	脯氨酸（mg/g）	5.14	苏氨酸（mg/g）	3.49
木质素（%）	12.33	赖氨酸（mg/g）	3.98	甘氨酸（mg/g）	3.96
Ca（mg/kg）	1221.53	亮氨酸（mg/g）	5.99	组氨酸（mg/g）	0.34
Zn（mg/kg）	46.54	异亮氨酸（mg/g）	2.96	丝氨酸（mg/g）	3.54
Fe（mg/kg）	116.22	苯丙氨酸（mg/g）	3.73	谷氨酸（mg/g）	20.89
P（mg/kg）	5621.42	甲硫氨酸（mg/g）	0.30	天冬氨酸（mg/g）	5.60
Se（mg/kg）	1.915	缬氨酸（mg/g）	0.33	γ-氨基丁酸（mg/g）	3.967
VB$_1$（mg/kg）	638.21	胱氨酸（mg/g）	4.47	β-葡聚糖（mg/g）	21.08
VB$_2$（mg/kg）	306.50	酪氨酸（mg/g）	2.72		

五、DNA指纹条形码

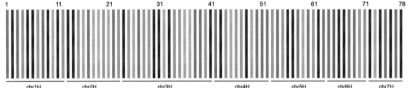

六、附图

田间整体图片

田间穗部图片

籽粒图片

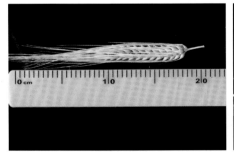

穗部图片

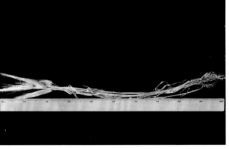

成熟期整株图片

BJX0182

一、原产地：西藏定日

二、国家统一编号：ZDM07484

三、形态特征及生物学特性

幼苗叶片、叶耳均为绿色。株高109.6cm，紧凑株型，第二茎秆直径4.26mm。全生育期为114d，单株穗数为8.4穗，穗姿下垂、六棱，穗和芒色为黄色、紫色，穗长7.8cm，每穗63.0粒。长芒、光芒、裸粒，粒呈褐色、椭圆形，千粒重为49.08g。

四、品质检测结果

项目	数值	项目	数值	项目	数值
蛋白质（%）	12.11	VB₆（mg/kg）	56.41	丙氨酸（mg/g）	4.76
淀粉（%）	68.52	VE（mg/kg）	229.66	精氨酸（mg/g）	5.67
纤维素（%）	21.81	脯氨酸（mg/g）	7.04	苏氨酸（mg/g）	4.32
木质素（%）	12.25	赖氨酸（mg/g）	6.84	甘氨酸（mg/g）	5.49
Ca（mg/kg）	842.54	亮氨酸（mg/g）	7.91	组氨酸（mg/g）	0.90
Zn（mg/kg）	43.03	异亮氨酸（mg/g）	4.09	丝氨酸（mg/g）	4.49
Fe（mg/kg）	170.66	苯丙氨酸（mg/g）	5.24	谷氨酸（mg/g）	22.06
P（mg/kg）	5251.83	甲硫氨酸（mg/g）	0.54	天冬氨酸（mg/g）	7.23
Se（mg/kg）	0.990	缬氨酸（mg/g）	0.60	γ-氨基丁酸（mg/g）	3.116
VB₁（mg/kg）	528.53	胱氨酸（mg/g）	5.96	β-葡聚糖（mg/g）	27.37
VB₂（mg/kg）	199.27	酪氨酸（mg/g）	3.30		

五、DNA指纹条形码

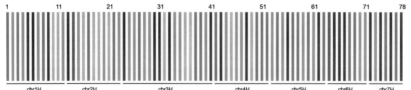

六、附图

田间整体图片

田间穗部图片

籽粒图片

穗部图片

成熟期整株图片

BJX0184

一、原产地：西藏定日

二、国家统一编号：ZDM07496

三、形态特征及生物学特性

幼苗叶片、叶耳均为绿色。株高85.7cm，中等株型，第二茎秆直径3.29mm。全生育期为114d，单株穗数为10.3穗，穗姿下垂、六棱，穗和芒色为紫色，穗长7.0cm，每穗56.7粒。长芒、光芒、裸粒，粒呈紫色、椭圆形，千粒重为46.22g。

四、品质检测结果

项目	数值	项目	数值	项目	数值
蛋白质（%）	11.22	VB_6（mg/kg）	54.45	丙氨酸（mg/g）	4.40
淀粉（%）	67.97	VE（mg/kg）	255.20	精氨酸（mg/g）	5.28
纤维素（%）	16.24	脯氨酸（mg/g）	1.17	苏氨酸（mg/g）	3.85
木质素（%）	12.49	赖氨酸（mg/g）	3.41	甘氨酸（mg/g）	4.28
Ca（mg/kg）	1300.77	亮氨酸（mg/g）	6.77	组氨酸（mg/g）	0.09
Zn（mg/kg）	41.90	异亮氨酸（mg/g）	3.40	丝氨酸（mg/g）	4.19
Fe（mg/kg）	198.97	苯丙氨酸（mg/g）	4.43	谷氨酸（mg/g）	18.26
P（mg/kg）	5069.41	甲硫氨酸（mg/g）	0.32	天冬氨酸（mg/g）	5.20
Se（mg/kg）	5.464	缬氨酸（mg/g）	0.76	γ-氨基丁酸（mg/g）	4.019
VB_1（mg/kg）	708.74	胱氨酸（mg/g）	4.61	β-葡聚糖（mg/g）	25.64
VB_2（mg/kg）	276.43	酪氨酸（mg/g）	3.00		

五、DNA指纹条形码

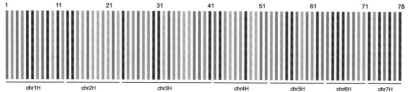

六、附图

田间整体图片

田间穗部图片

籽粒图片

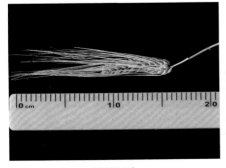

穗部图片

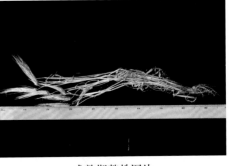

成熟期整株图片

BJX0185

一、原产地：西藏定日

二、国家统一编号：ZDM07497

三、形态特征及生物学特性

幼苗叶片、叶耳均为绿色。株高96.7cm，中等株型，第二茎秆直径4.46mm。全生育期为101d，单株穗数为7.3穗，穗姿下垂、六棱，穗和芒色为黄色，穗长6.3cm，每穗56.0粒。长芒、光芒，裸粒，粒呈黄色、椭圆形，千粒重为47.48g。

四、品质检测结果

项目	数值	项目	数值	项目	数值
蛋白质（%）	11.14	VB_6（mg/kg）	61.42	丙氨酸（mg/g）	4.52
淀粉（%）	62.25	VE（mg/kg）	275.21	精氨酸（mg/g）	5.14
纤维素（%）	19.52	脯氨酸（mg/g）	1.24	苏氨酸（mg/g）	3.48
木质素（%）	12.51	赖氨酸（mg/g）	3.23	甘氨酸（mg/g）	4.06
Ca（mg/kg）	961.83	亮氨酸（mg/g）	6.11	组氨酸（mg/g）	0.11
Zn（mg/kg）	44.64	异亮氨酸（mg/g）	3.02	丝氨酸（mg/g）	3.71
Fe（mg/kg）	122.32	苯丙氨酸（mg/g）	4.11	谷氨酸（mg/g）	15.43
P（mg/kg）	4895.09	甲硫氨酸（mg/g）	0.32	天冬氨酸（mg/g）	4.78
Se（mg/kg）	1.005	缬氨酸（mg/g）	0.54	γ-氨基丁酸（mg/g）	3.474
VB_1（mg/kg）	679.05	胱氨酸（mg/g）	4.07	β-葡聚糖（mg/g）	24.85
VB_2（mg/kg）	271.16	酪氨酸（mg/g）	2.87		

五、DNA指纹条形码

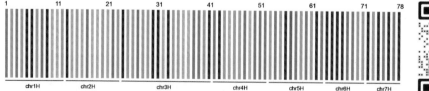

六、附图

田间整体图片

田间穗部图片

籽粒图片

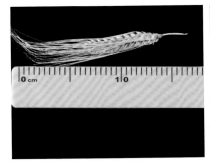

穗部图片

成熟期整株图片

BJX195

一、原产地：西藏定日

二、国家统一编号：ZDM07538

三、形态特征及生物学特性

幼苗叶片、叶耳均为绿色。株高83.3cm，中等株型，第二茎秆直径3.22mm。全生育期为98d，单株穗数为4.0穗，穗姿下垂、六棱，穗和芒色为黄色、紫色，穗长7.7cm，每穗58.0粒。长芒、光芒，裸粒，粒呈紫色、椭圆形，千粒重为54.57g。

四、品质检测结果

项目	数值	项目	数值	项目	数值
蛋白质（%）	10.92	VB$_6$（mg/kg）	60.45	丙氨酸（mg/g）	3.96
淀粉（%）	67.41	VE（mg/kg）	279.04	精氨酸（mg/g）	4.98
纤维素（%）	21.09	脯氨酸（mg/g）	2.23	苏氨酸（mg/g）	3.70
木质素（%）	10.32	赖氨酸（mg/g）	2.52	甘氨酸（mg/g）	4.22
Ca（mg/kg）	935.49	亮氨酸（mg/g）	6.36	组氨酸（mg/g）	0.53
Zn（mg/kg）	34.57	异亮氨酸（mg/g）	3.28	丝氨酸（mg/g）	3.77
Fe（mg/kg）	98.10	苯丙氨酸（mg/g）	4.35	谷氨酸（mg/g）	18.61
P（mg/kg）	3 875.37	甲硫氨酸（mg/g）	0.30	天冬氨酸（mg/g）	5.80
Se（mg/kg）	1.925	缬氨酸（mg/g）	0.56	γ-氨基丁酸（mg/g）	3.698
VB$_1$（mg/kg）	1 112.79	胱氨酸（mg/g）	4.45	β-葡聚糖（mg/g）	26.71
VB$_2$（mg/kg）	124.52	酪氨酸（mg/g）	2.77		

五、DNA指纹条形码

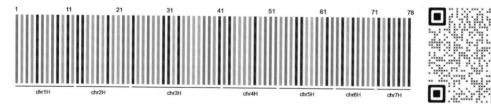

六、附图

田间整体图片

田间穗部图片

籽粒图片

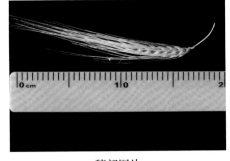

穗部图片

成熟期整株图片

BJX196

一、原产地：西藏定日

二、国家统一编号：ZDM07539

三、形态特征及生物学特性

幼苗叶片、叶耳均为绿色。株高85.0cm，中等株型，第二茎秆直径4.03mm。全生育期为97d，单株穗数为7.5穗，穗姿下垂、六棱，穗和芒色为黄色，穗长7.0cm，每穗61.0粒。长芒、光芒，裸粒，粒呈褐色、椭圆形，千粒重为44.00g。

四、品质检测结果

项目	数值	项目	数值	项目	数值
蛋白质（%）	11.62	VB$_6$（mg/kg）	54.37	丙氨酸（mg/g）	4.02
淀粉（%）	62.67	VE（mg/kg）	316.30	精氨酸（mg/g）	5.21
纤维素（%）	18.68	脯氨酸（mg/g）	5.87	苏氨酸（mg/g）	3.41
木质素（%）	9.94	赖氨酸（mg/g）	3.87	甘氨酸（mg/g）	3.59
Ca（mg/kg）	1043.21	亮氨酸（mg/g）	6.48	组氨酸（mg/g）	0.73
Zn（mg/kg）	28.05	异亮氨酸（mg/g）	3.41	丝氨酸（mg/g）	4.19
Fe（mg/kg）	127.38	苯丙氨酸（mg/g）	4.58	谷氨酸（mg/g）	20.78
P（mg/kg）	3814.48	甲硫氨酸（mg/g）	0.27	天冬氨酸（mg/g）	6.13
Se（mg/kg）	0.674	缬氨酸（mg/g）	0.57	γ-氨基丁酸（mg/g）	2.949
VB$_1$（mg/kg）	1113.58	胱氨酸（mg/g）	4.67	β-葡聚糖（mg/g）	14.32
VB$_2$（mg/kg）	285.11	酪氨酸（mg/g）	2.92		

五、DNA指纹条形码

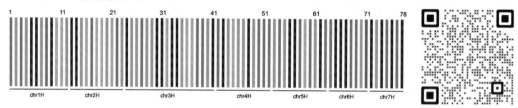

六、附图

田间整体图片

田间穗部图片

籽粒图片

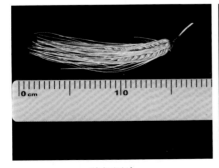

穗部图片

成熟期整株图片

BJX203

一、原产地：西藏定日

二、国家统一编号：ZDM07568

三、形态特征及生物学特性

幼苗叶片、叶耳均为绿色。株高102.8cm，紧凑株型，第二茎秆直径5.14mm。全生育期为109d，单株穗数为12.2穗，穗姿下垂、六棱，穗和芒色为黄色，穗长7.2cm，每穗45.4粒。长芒、光芒，裸粒，粒呈褐色、椭圆形，千粒重为45.01g。

四、品质检测结果

项目	数值	项目	数值	项目	数值
蛋白质（%）	9.94	VB$_6$（mg/kg）	58.58	丙氨酸（mg/g）	3.59
淀粉（%）	65.08	VE（mg/kg）	251.20	精氨酸（mg/g）	4.64
纤维素（%）	11.42	脯氨酸（mg/g）	2.14	苏氨酸（mg/g）	3.38
木质素（%）	8.77	赖氨酸（mg/g）	3.09	甘氨酸（mg/g）	3.86
Ca（mg/kg）	826.23	亮氨酸（mg/g）	6.08	组氨酸（mg/g）	0.79
Zn（mg/kg）	29.84	异亮氨酸（mg/g）	3.03	丝氨酸（mg/g）	3.75
Fe（mg/kg）	82.25	苯丙氨酸（mg/g）	4.19	谷氨酸（mg/g）	18.43
P（mg/kg）	3 558.17	甲硫氨酸（mg/g）	0.32	天冬氨酸（mg/g）	5.46
Se（mg/kg）	0.035	缬氨酸（mg/g）	0.31	γ - 氨基丁酸（mg/g）	1.708
VB$_1$（mg/kg）	916.07	胱氨酸（mg/g）	3.62	β - 葡聚糖（mg/g）	29.89
VB$_2$（mg/kg）	228.78	酪氨酸（mg/g）	2.81		

五、DNA指纹条形码

168

六、附图

田间整体图片

田间穗部图片

籽粒图片

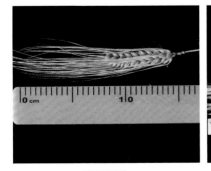

穗部图片

成熟期整株图片

BJX207

一、原产地：西藏定日

二、国家统一编号：ZDM07604

三、形态特征及生物学特性

幼苗叶片、叶耳均为绿色。株高98.8cm，中等株型，第二茎秆直径3.16mm。全生育期为101d，单株穗数为5.0穗，穗姿下垂、六棱，穗和芒色为黄色，穗长8.0cm，每穗57.0粒。长芒、光芒，裸粒，粒呈褐色、椭圆形，千粒重为48.42g。

四、品质检测结果

项目	数值	项目	数值	项目	数值
蛋白质（%）	11.13	VB_6（mg/kg）	48.95	丙氨酸（mg/g）	3.65
淀粉（%）	60.41	VE（mg/kg）	297.33	精氨酸（mg/g）	4.26
纤维素（%）	21.59	脯氨酸（mg/g）	3.10	苏氨酸（mg/g）	3.24
木质素（%）	11.43	赖氨酸（mg/g）	3.01	甘氨酸（mg/g）	3.75
Ca（mg/kg）	968.78	亮氨酸（mg/g）	6.10	组氨酸（mg/g）	0.69
Zn（mg/kg）	32.00	异亮氨酸（mg/g）	3.03	丝氨酸（mg/g）	3.73
Fe（mg/kg）	85.26	苯丙氨酸（mg/g）	4.32	谷氨酸（mg/g）	18.58
P（mg/kg）	3 942.81	甲硫氨酸（mg/g）	0.27	天冬氨酸（mg/g）	5.46
Se（mg/kg）	0.193	缬氨酸（mg/g）	0.49	γ-氨基丁酸（mg/g）	3.192
VB_1（mg/kg）	856.19	胱氨酸（mg/g）	3.70	β-葡聚糖（mg/g）	21.80
VB_2（mg/kg）	244.56	酪氨酸（mg/g）	2.71		

五、DNA指纹条形码

六、附图

田间整体图片

田间穗部图片

籽粒图片

穗部图片

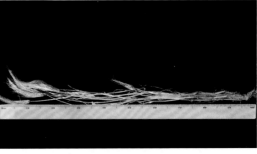

成熟期整株图片

BJX208

四、原产地：西藏定日

五、国家统一编号：ZDM07605

六、形态特征及生物学特性

幼苗叶片、叶耳均为绿色。株高100.2cm，中等株型，第二茎秆直径3.77mm。全生育期为99d，单株穗数为3.6穗，穗姿下垂、六棱，穗和芒色为黄色，穗长8.2cm，每穗65.4粒。长芒、短钩芒、光芒，裸粒，粒呈褐色、椭圆形，千粒重为51.52g。

四、品质检测结果

项目	数值	项目	数值	项目	数值
蛋白质（%）	16.38	VB$_6$（mg/kg）	58.19	丙氨酸（mg/g）	6.69
淀粉（%）	52.09	VE（mg/kg）	247.81	精氨酸（mg/g）	8.92
纤维素（%）	21.05	脯氨酸（mg/g）	3.28	苏氨酸（mg/g）	5.94
木质素（%）	10.76	赖氨酸（mg/g）	3.69	甘氨酸（mg/g）	6.62
Ca（mg/kg）	1386.92	亮氨酸（mg/g）	10.03	组氨酸（mg/g）	1.11
Zn（mg/kg）	59.40	异亮氨酸（mg/g）	5.27	丝氨酸（mg/g）	6.19
Fe（mg/kg）	319.89	苯丙氨酸（mg/g）	7.12	谷氨酸（mg/g）	31.60
P（mg/kg）	8337.87	甲硫氨酸（mg/g）	0.31	天冬氨酸（mg/g）	8.17
Se（mg/kg）	0.28	缬氨酸（mg/g）	0.44	γ-氨基丁酸（mg/g）	4.97
VB$_1$（mg/kg）	736.51	胱氨酸（mg/g）	8.02	β-葡聚糖（mg/g）	28.98
VB$_2$（mg/kg）	143.11	酪氨酸（mg/g）	4.31		

五、附图

田间整体图片

田间穗部图片

籽粒图片

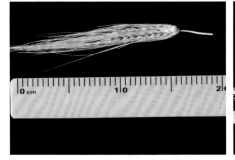

穗部图片

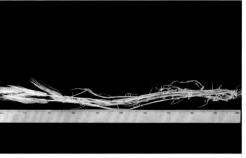

成熟期整株图片

BJX210

一、原产地： 西藏定日

二、国家统一编号： ZDM07618

三、形态特征及生物学特性

幼苗叶片、叶耳均为绿色。株高101.8cm，中等株型，第二茎秆直径4.07mm。全生育期为101d，单株穗数为3.8穗，穗姿水平、六棱，穗和芒色为黑色、紫色，穗长5.6cm，每穗33.0粒。长芒、光芒、裸粒，粒呈紫色、椭圆形，千粒重为47.26g。

四、品质检测结果

项目	数值	项目	数值	项目	数值
蛋白质（%）	13.69	VB$_6$（mg/kg）	49.18	丙氨酸（mg/g）	4.30
淀粉（%）	69.59	VE（mg/kg）	314.07	精氨酸（mg/g）	5.75
纤维素（%）	18.67	脯氨酸（mg/g）	3.55	苏氨酸（mg/g）	4.09
木质素（%）	10.10	赖氨酸（mg/g）	3.16	甘氨酸（mg/g）	4.44
Ca（mg/kg）	988.49	亮氨酸（mg/g）	7.01	组氨酸（mg/g）	0.51
Zn（mg/kg）	38.65	异亮氨酸（mg/g）	3.59	丝氨酸（mg/g）	4.36
Fe（mg/kg）	125.27	苯丙氨酸（mg/g）	5.19	谷氨酸（mg/g）	25.57
P（mg/kg）	4802.63	甲硫氨酸（mg/g）	0.33	天冬氨酸（mg/g）	5.60
Se（mg/kg）	1.781	缬氨酸（mg/g）	0.68	γ-氨基丁酸（mg/g）	4.038
VB$_1$（mg/kg）	890.85	胱氨酸（mg/g）	5.31	β-葡聚糖（mg/g）	27.17
VB$_2$（mg/kg）	197.76	酪氨酸（mg/g）	3.33		

五、DNA指纹条形码

六、附图

田间整体图片

田间穗部图片

籽粒图片

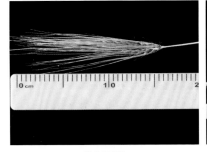

穗部图片

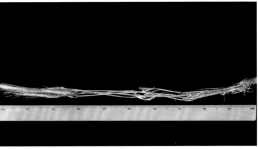

成熟期整株图片

BJX226

一、原产地：西藏定日

二、国家统一编号：ZDM07694

三、形态特征及生物学特性

幼苗叶片、叶耳均为绿色。株高93.6cm，紧凑株型，第二茎秆直径4.42mm。全生育期为101d，单株穗数为7.2穗，穗姿水平、六棱，穗和芒色为黄色，穗长7.4cm，每穗67.6粒。长芒、光芒，裸粒，粒呈褐色、椭圆形，千粒重为41.32g。

四、品质检测结果

项目	数值	项目	数值	项目	数值
蛋白质（%）	14.37	VB$_6$（mg/kg）	51.29	丙氨酸（mg/g）	4.64
淀粉（%）	69.65	VE（mg/kg）	253.67	精氨酸（mg/g）	6.13
纤维素（%）	19.21	脯氨酸（mg/g）	6.13	苏氨酸（mg/g）	4.46
木质素（%）	8.18	赖氨酸（mg/g）	3.17	甘氨酸（mg/g）	4.92
Ca（mg/kg）	874.04	亮氨酸（mg/g）	8.50	组氨酸（mg/g）	0.70
Zn（mg/kg）	35.31	异亮氨酸（mg/g）	4.35	丝氨酸（mg/g）	5.19
Fe（mg/kg）	114.48	苯丙氨酸（mg/g）	6.88	谷氨酸（mg/g）	32.54
P（mg/kg）	4383.72	甲硫氨酸（mg/g）	0.28	天冬氨酸（mg/g）	5.92
Se（mg/kg）	0.030	缬氨酸（mg/g）	0.41	γ-氨基丁酸（mg/g）	4.199
VB$_1$（mg/kg）	1009.70	胱氨酸（mg/g）	5.87	β-葡聚糖（mg/g）	28.53
VB$_2$（mg/kg）	190.05	酪氨酸（mg/g）	3.98		

五、DNA指纹条形码

六、附图

田间整体图片

田间穗部图片

籽粒图片

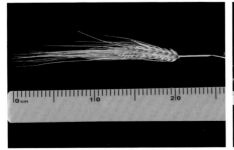

穗部图片

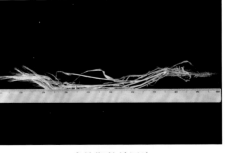

成熟期整株图片

BJX227

一、原产地：西藏定日

二、国家统一编号：ZDM07695

三、形态特征及生物学特性

幼苗叶片、叶耳均为绿色。株高99.2cm，紧凑株型，第二茎秆直径4.55mm。全生育期为114d，单株穗数为7.4穗，穗姿水平、六棱，穗和芒色为黄色，穗长6.0cm，每穗51.0粒。短芒、光芒，裸粒，粒呈黄色、椭圆形，千粒重为47.13g。

四、品质检测结果

项目	数值	项目	数值	项目	数值
蛋白质（%）	18.34	VB_6（mg/kg）	55.98	丙氨酸（mg/g）	8.70
淀粉（%）	48.00	VE（mg/kg）	357.22	精氨酸（mg/g）	10.32
纤维素（%）	24.95	脯氨酸（mg/g）	9.97	苏氨酸（mg/g）	6.62
木质素（%）	9.44	赖氨酸（mg/g）	7.93	甘氨酸（mg/g）	8.66
Ca（mg/kg）	1269.57	亮氨酸（mg/g）	11.38	组氨酸（mg/g）	1.02
Zn（mg/kg）	73.61	异亮氨酸（mg/g）	6.08	丝氨酸（mg/g）	7.20
Fe（mg/kg）	139.09	苯丙氨酸（mg/g）	7.31	谷氨酸（mg/g）	36.31
P（mg/kg）	8946.33	甲硫氨酸（mg/g）	0.35	天冬氨酸（mg/g）	12.19
Se（mg/kg）	0.547	缬氨酸（mg/g）	0.78	γ-氨基丁酸（mg/g）	7.404
VB_1（mg/kg）	937.42	胱氨酸（mg/g）	10.83	β-葡聚糖（mg/g）	19.46
VB_2（mg/kg）	319.92	酪氨酸（mg/g）	4.96		

五、DNA指纹条形码

六、附图

田间整体图片

田间穗部图片

籽粒图片

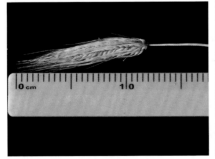

穗部图片

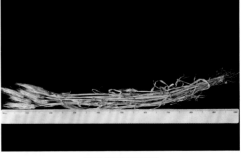

成熟期整株图片

BJX228

一、原产地：西藏定日

二、国家统一编号：ZDM07696

三、形态特征及生物学特性

幼苗叶片、叶耳均为绿色。株高96.0cm，松散株型，第二茎秆直径2.83mm。全生育期为114d，单株穗数为6.0穗，穗姿下垂、六棱，穗和芒色为黄色，穗长6.7cm，每穗55.7粒。长芒、光芒，裸粒，粒呈蓝色、椭圆形，千粒重为50.9g。

四、品质检测结果

项目	数值	项目	数值	项目	数值
蛋白质（%）	14.05	VB$_6$（mg/kg）	59.23	丙氨酸（mg/g）	4.89
淀粉（%）	67.93	VE（mg/kg）	298.08	精氨酸（mg/g）	5.89
纤维素（%）	23.57	脯氨酸（mg/g）	9.40	苏氨酸（mg/g）	4.26
木质素（%）	10.56	赖氨酸（mg/g）	5.10	甘氨酸（mg/g）	5.31
Ca（mg/kg）	893.50	亮氨酸（mg/g）	8.41	组氨酸（mg/g）	0.84
Zn（mg/kg）	45.81	异亮氨酸（mg/g）	4.33	丝氨酸（mg/g）	5.06
Fe（mg/kg）	112.92	苯丙氨酸（mg/g）	6.27	谷氨酸（mg/g）	31.18
P（mg/kg）	5029.78	甲硫氨酸（mg/g）	0.64	天冬氨酸（mg/g）	7.76
Se（mg/kg）	0.701	缬氨酸（mg/g）	0.83	γ-氨基丁酸（mg/g）	5.208
VB$_1$（mg/kg）	986.23	胱氨酸（mg/g）	6.35	β-葡聚糖（mg/g）	23.92
VB$_2$（mg/kg）	274.53	酪氨酸（mg/g）	3.43		

五、DNA指纹条形码

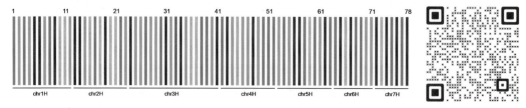

六、附图

田间整体图片

田间穗部图片

籽粒图片

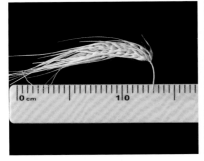

穗部图片

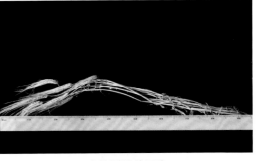

成熟期整株图片

BJX230

一、原产地：西藏定日

二、国家统一编号：ZDM07703

三、形态特征及生物学特性

幼苗叶片、叶耳均为绿色。株高90.0cm，紧凑株型，第二茎秆直径3.68mm。全生育期为114d，单株穗数为7.0穗，穗姿水平、六棱，穗和芒色为黄色，穗长8.0cm，每穗60.7粒。短芒、光芒，裸粒，粒呈黄色、长圆形，千粒重为43.42g。

四、品质检测结果

项目	数值	项目	数值	项目	数值
蛋白质（%）	17.43	VB$_6$（mg/kg）	74.53	丙氨酸（mg/g）	7.58
淀粉（%）	63.68	VE（mg/kg）	369.17	精氨酸（mg/g）	8.78
纤维素（%）	17.92%	脯氨酸（mg/g）	9.30	苏氨酸（mg/g）	6.23
木质素（%）	8.88	赖氨酸（mg/g）	8.40	甘氨酸（mg/g）	8.03
Ca（mg/kg）	1088.69	亮氨酸（mg/g）	10.92	组氨酸（mg/g）	0.74
Zn（mg/kg）	57.29	异亮氨酸（mg/g）	5.79	丝氨酸（mg/g）	6.98
Fe（mg/kg）	122.72	苯丙氨酸（mg/g）	7.15	谷氨酸（mg/g）	37.43
P（mg/kg）	6368.65	甲硫氨酸（mg/g）	0.99	天冬氨酸（mg/g）	7.40
Se（mg/kg）	0.131	缬氨酸（mg/g）	1.00	γ-氨基丁酸（mg/g）	7.434
VB$_1$（mg/kg）	1103.41	胱氨酸（mg/g）	9.59	β-葡聚糖（mg/g）	26.94
VB$_2$（mg/kg）	324.38	酪氨酸（mg/g）	4.67		

五、DNA指纹条形码

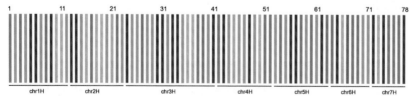

六、附图

田间整体图片

田间穗部图片

籽粒图片

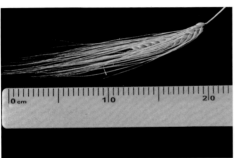

穗部图片

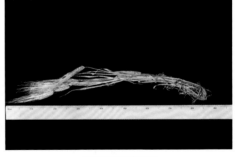

成熟期整株图片

BJX231

一、原产地：西藏定日

二、国家统一编号：ZDM07704

三、形态特征及生物学特性

幼苗叶片、叶耳均为绿色。株高100.7cm，紧凑株型，第二茎秆直径4.40mm。全生育期为114d，单株穗数为6.7穗，穗姿下垂、六棱，穗和芒色为黄色，穗长7.3cm，每穗40.7粒。长芒、光芒、裸粒，粒呈褐色、椭圆形，千粒重为50.78g。

四、品质检测结果

项目	数值	项目	数值	项目	数值
蛋白质（%）	16.76	VB_6（mg/kg）	78.48	丙氨酸（mg/g）	5.89
淀粉（%）	64.11	VE（mg/kg）	277.25	精氨酸（mg/g）	6.73
纤维素（%）	22.67	脯氨酸（mg/g）	12.89	苏氨酸（mg/g）	5.39
木质素（%）	11.72	赖氨酸（mg/g）	6.35	甘氨酸（mg/g）	6.36
Ca（mg/kg）	1032.47	亮氨酸（mg/g）	9.72	组氨酸（mg/g）	1.29
Zn（mg/kg）	51.07	异亮氨酸（mg/g）	5.39	丝氨酸（mg/g）	6.16
Fe（mg/kg）	124.44	苯丙氨酸（mg/g）	7.08	谷氨酸（mg/g）	40.23
P（mg/kg）	6095.69	甲硫氨酸（mg/g）	0.86	天冬氨酸（mg/g）	5.72
Se（mg/kg）	0.199	缬氨酸（mg/g）	0.71	γ-氨基丁酸（mg/g）	5.003
VB_1（mg/kg）	1015.97	胱氨酸（mg/g）	8.10	β-葡聚糖（mg/g）	30.34
VB_2（mg/kg）	244.66	酪氨酸（mg/g）	4.40		

五、DNA指纹条形码

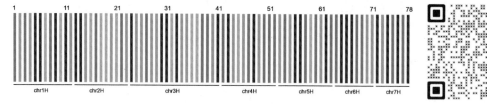

六、附图

田间整体图片

田间穗部图片

籽粒图片

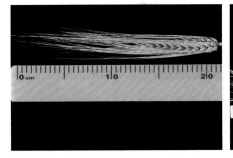

穗部图片

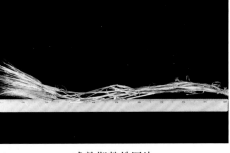

成熟期整株图片

BJX233

一、原产地：西藏定日

二、国家统一编号：ZDM07712

三、形态特征及生物学特性

幼苗叶片、叶耳均为绿色。株高91.8cm，紧凑株型，第二茎秆直径4.33mm。全生育期为114d，单株穗数为4.8穗，穗姿直立、六棱，穗和芒色为黄色，穗长8.2cm，每穗51.2粒。长芒、光芒，裸粒，粒呈黄色、椭圆形，千粒重为48.23g。

四、品质检测结果

项目	数值	项目	数值	项目	数值
蛋白质（%）	15.91	VB$_6$（mg/kg）	66.22	丙氨酸（mg/g）	4.86
淀粉（%）	61.00	VE（mg/kg）	244.59	精氨酸（mg/g）	5.62
纤维素（%）	30.93	脯氨酸（mg/g）	11.40	苏氨酸（mg/g）	4.69
木质素（%）	11.15	赖氨酸（mg/g）	5.78	甘氨酸（mg/g）	5.24
Ca（mg/kg）	784.02	亮氨酸（mg/g）	8.90	组氨酸（mg/g）	0.55
Zn（mg/kg）	36.87	异亮氨酸（mg/g）	4.66	丝氨酸（mg/g）	5.50
Fe（mg/kg）	81.70	苯丙氨酸（mg/g）	6.35	谷氨酸（mg/g）	37.75
P（mg/kg）	4189.80	甲硫氨酸（mg/g）	0.66	天冬氨酸（mg/g）	5.26
Se（mg/kg）	0.196	缬氨酸（mg/g）	0.70	γ-氨基丁酸（mg/g）	4.879
VB$_1$（mg/kg）	874.19	胱氨酸（mg/g）	7.12	β-葡聚糖（mg/g）	23.69
VB$_2$（mg/kg）	228.93	酪氨酸（mg/g）	3.77		

五、DNA指纹条形码

六、附图

田间整体图片

田间穗部图片

籽粒图片

穗部图片

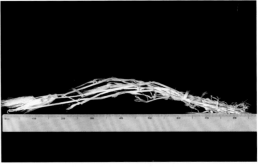

成熟期整株图片

BJX236

一、原产地：西藏定日

二、国家统一编号：ZDM07722

三、形态特征及生物学特性

幼苗叶片、叶耳均为绿色。株高78.4cm，中等株型，第二茎秆直径3.48mm。全生育期为101d，单株穗数为4.0穗，穗姿下垂、六棱，穗和芒色为紫色，穗长5.0cm，每穗43.8粒。长芒、光芒，裸粒，粒呈紫色、椭圆形，千粒重为46.37g。

四、品质检测结果

项目	数值	项目	数值	项目	数值
蛋白质（%）	12.27	VB$_6$（mg/kg）	62.91	丙氨酸（mg/g）	4.40
淀粉（%）	66.59	VE（mg/kg）	232.19	精氨酸（mg/g）	5.06
纤维素（%）	28.67	脯氨酸（mg/g）	8.40	苏氨酸（mg/g）	4.03
木质素（%）	10.67	赖氨酸（mg/g）	5.17	甘氨酸（mg/g）	4.45
Ca（mg/kg）	897.34	亮氨酸（mg/g）	7.24	组氨酸（mg/g）	0.60
Zn（mg/kg）	27.79	异亮氨酸（mg/g）	3.67	丝氨酸（mg/g）	4.27
Fe（mg/kg）	91.64	苯丙氨酸（mg/g）	4.86	谷氨酸（mg/g）	26.70
P（mg/kg）	3520.90	甲硫氨酸（mg/g）	0.54	天冬氨酸（mg/g）	6.60
Se（mg/kg）	0.118	缬氨酸（mg/g）	0.10	γ-氨基丁酸（mg/g）	4.118
VB$_1$（mg/kg）	928.32	胱氨酸（mg/g）	5.57	β-葡聚糖（mg/g）	25.09
VB$_2$（mg/kg）	183.86	酪氨酸（mg/g）	2.92		

五、DNA指纹条形码

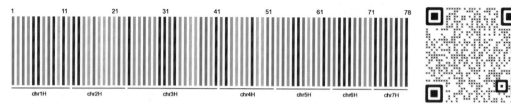

六、附图

田间整体图片

田间穗部图片

籽粒图片

穗部图片

成熟期整株图片

五、BJX243

一、原产地：西藏定日

二、国家统一编号：ZDM07770

三、形态特征及生物学特性

幼苗叶片、叶耳均为绿色。株高101.8cm，中等株型，第二茎秆直径4.38mm。全生育期为109d，单株穗数为5.8穗，穗姿水平、六棱，穗和芒色为黄色，穗长8.0cm，每穗63.0粒。短芒、光芒，裸粒，粒呈褐色、椭圆形，千粒重为51.07g。

四、品质检测结果

项目	数值	项目	数值	项目	数值
蛋白质（%）	17.60	VB_6（mg/kg）	58.41	丙氨酸（mg/g）	5.89
淀粉（%）	69.60	VE（mg/kg）	320.07	精氨酸（mg/g）	8.05
纤维素（%）	15.29	脯氨酸（mg/g）	1.95	苏氨酸（mg/g）	4.77
木质素（%）	8.52	赖氨酸（mg/g）	49.37	甘氨酸（mg/g）	2.17
Ca（mg/kg）	1142.62	亮氨酸（mg/g）	3.17	组氨酸（mg/g）	2.77
Zn（mg/kg）	67.70	异亮氨酸（mg/g）	7.98	丝氨酸（mg/g）	10.09
Fe（mg/kg）	154.27	苯丙氨酸（mg/g）	5.41	谷氨酸（mg/g）	27.00
P（mg/kg）	9164.82	甲硫氨酸（mg/g）	3.05	天冬氨酸（mg/g）	6.86
Se（mg/kg）	8.209	缬氨酸（mg/g）	2.69	γ-氨基丁酸（mg/g）	7.323
VB_1（mg/kg）	971.52	胱氨酸（mg/g）	1.45	β-葡聚糖（mg/g）	24.20
VB_2（mg/kg）	253.43	酪氨酸（mg/g）	16.17		

五、DNA指纹条形码

六、附图

田间整体图片

田间穗部图片

籽粒图片

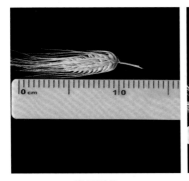

穗部图片

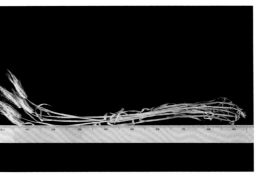

成熟期整株图片

BJX244

一、原产地：西藏定日

二、国家统一编号：ZDM07771

三、形态特征及生物学特性

幼苗叶片、叶耳均为绿色。株高101.3cm，松散株型，第二茎秆直径4.78mm。全生育期为114d，单株穗数为6.3穗，穗姿下垂、六棱，穗和芒色为黄色，穗长7.3cm，每穗50.7粒。长芒、光芒，裸粒，粒呈蓝色、椭圆形，千粒重为37.57g。

四、品质检测结果

项目	数值	项目	数值	项目	数值
蛋白质（%）	14.99	VB$_6$（mg/kg）	74.32	丙氨酸（mg/g）	4.87
淀粉（%）	62.98	VE（mg/kg）	333.56	精氨酸（mg/g）	6.20
纤维素（%）	23.26	脯氨酸（mg/g）	6.89	苏氨酸（mg/g）	4.52
木质素（%）	10.80	赖氨酸（mg/g）	3.56	甘氨酸（mg/g）	4.80
Ca（mg/kg）	886.47	亮氨酸（mg/g）	8.52	组氨酸（mg/g）	0.85
Zn（mg/kg）	36.38	异亮氨酸（mg/g）	4.40	丝氨酸（mg/g）	4.79
Fe（mg/kg）	101.71	苯丙氨酸（mg/g）	6.70	谷氨酸（mg/g）	29.55
P（mg/kg）	5 085.73	甲硫氨酸（mg/g）	0.31	天冬氨酸（mg/g）	6.49
Se（mg/kg）	0.327	缬氨酸（mg/g）	0.76	γ-氨基丁酸（mg/g）	4.468
VB$_1$（mg/kg）	976.25	胱氨酸（mg/g）	6.23	β-葡聚糖（mg/g）	27.57
VB$_2$（mg/kg）	270.05	酪氨酸（mg/g）	4.03		

五、DNA指纹条形码

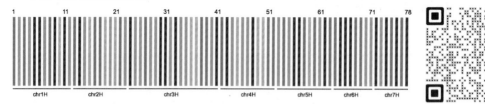

六、附图

田间整体图片

田间穗部图片

籽粒图片

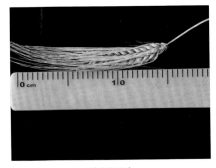

穗部图片

成熟期整株图片

BJX264

一、原产地：西藏定日

二、西藏保存编号：XZDM07623

三、形态特征及生物学特性

幼苗叶片、叶耳均为绿色。株高86.0cm，中等株型，第二茎秆直径4.43mm。全生育期为97d，单株穗数为5.0穗，穗姿下垂、六棱，穗和芒色为黄色、紫色，穗长6.6cm，每穗48.2粒。长芒、光芒，裸粒，粒呈紫色、椭圆形，千粒重为36.77g。

四、品质检测结果

项目	数值	项目	数值	项目	数值
蛋白质（%）	13.59	VB$_6$（mg/kg）	49.55	丙氨酸（mg/g）	4.69
淀粉（%）	65.32	VE（mg/kg）	289.15	精氨酸（mg/g）	5.99
纤维素（%）	17.24	脯氨酸（mg/g）	10.16	苏氨酸（mg/g）	4.18
木质素（%）	23.98	赖氨酸（mg/g）	3.96	甘氨酸（mg/g）	4.82
Ca（mg/kg）	958.67	亮氨酸（mg/g）	7.96	组氨酸（mg/g）	0.97
Zn（mg/kg）	43.08	异亮氨酸（mg/g）	4.20	丝氨酸（mg/g）	4.87
Fe（mg/kg）	81.67	苯丙氨酸（mg/g）	5.88	谷氨酸（mg/g）	28.67
P（mg/kg）	4337.65	甲硫氨酸（mg/g）	0.32	天冬氨酸（mg/g）	7.19
Se（mg/kg）	0.190	缬氨酸（mg/g）	0.47	γ-氨基丁酸（mg/g）	4.612
VB$_1$（mg/kg）	825.41	胱氨酸（mg/g）	5.95	β-葡聚糖（mg/g）	21.18
VB$_2$（mg/kg）	100.59	酪氨酸（mg/g）	3.36		

五、DNA指纹条形码

六、附图

田间整体图片

田间穗部图片

籽粒图片

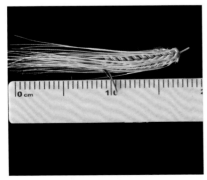

穗部图片

成熟期整株图片

BJX265

一、原产地：西藏定日

二、西藏保存编号：XZDM07624

三、形态特征及生物学特性

幼苗叶片、叶耳均为绿色。株高72.0cm，紧凑株型，第二茎秆直径2.38mm。全生育期为97d，单株穗数为3.0穗，穗姿下垂、六棱，穗和芒色为黄色，穗长5.2cm，每穗41.2粒。长芒、光芒，裸粒，粒呈褐色、椭圆形，千粒重为48.34g。

四、品质检测结果

项目	数值	项目	数值	项目	数值
蛋白质（%）	16.19	VB$_6$（mg/kg）	70.25	丙氨酸（mg/g）	6.55
淀粉（%）	69.83	VE（mg/kg）	374.51	精氨酸（mg/g）	7.98
纤维素（%）	22.41	脯氨酸（mg/g）	12.87	苏氨酸（mg/g）	5.48
木质素（%）	13.96	赖氨酸（mg/g）	4.89	甘氨酸（mg/g）	6.44
Ca（mg/kg）	1 156.34	亮氨酸（mg/g）	10.12	组氨酸（mg/g）	1.07
Zn（mg/kg）	65.71	异亮氨酸（mg/g）	5.20	丝氨酸（mg/g）	6.46
Fe（mg/kg）	137.46	苯丙氨酸（mg/g）	7.20	谷氨酸（mg/g）	34.22
P（mg/kg）	6 200.91	甲硫氨酸（mg/g）	0.28	天冬氨酸（mg/g）	9.58
Se（mg/kg）	0.094	缬氨酸（mg/g）	1.21	γ-氨基丁酸（mg/g）	4.715
VB$_1$（mg/kg）	1 118.91	胱氨酸（mg/g）	7.72	β-葡聚糖（mg/g）	21.97
VB$_2$（mg/kg）	196.18	酪氨酸（mg/g）	4.24		

五、DNA指纹条形码

六、附图

田间整体图片

田间穗部图片

籽粒图片

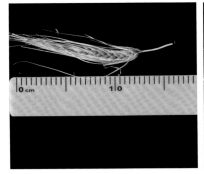

穗部图片

成熟期整株图片

日喀则市吉隆县青稞资源简介

BJX002

一、原产地：西藏吉隆

二、国家统一编号：ZDM04373

三、形态特征及生物学特性

幼苗叶片、叶耳均为绿色。株高92.7cm，紧凑株型，第二茎秆直径2.62mm。全生育期为98d，单株有效穗数为8.3穗，穗姿下垂、六棱，穗和芒色为黄色，穗长6.0cm，每穗56.7粒。长芒、光芒，裸粒，粒呈褐色、椭圆形，千粒重为37.41g。

四、品质检测结果

项目	数值	项目	数值	项目	数值
蛋白质（%）	16.17	VB$_6$（mg/kg）	42.00	丙氨酸（mg/g）	5.04
淀粉（%）	51.84	VE（mg/kg）	237.45	精氨酸（mg/g）	6.87
纤维素（%）	15.78	脯氨酸（mg/g）	19.14	苏氨酸（mg/g）	4.66
木质素（%）	8.32	赖氨酸（mg/g）	5.18	甘氨酸（mg/g）	6.18
Ca（mg/kg）	982.63	亮氨酸（mg/g）	8.82	组氨酸（mg/g）	1.16
Zn（mg/kg）	55.53	异亮氨酸（mg/g）	4.60	丝氨酸（mg/g）	5.49
Fe（mg/kg）	128.18	苯丙氨酸（mg/g）	8.38	谷氨酸（mg/g）	36.30
P（mg/kg）	5961.35	甲硫氨酸（mg/g）	1.88	天冬氨酸（mg/g）	5.41
Se（mg/kg）	1.024	缬氨酸（mg/g）	2.93	γ-氨基丁酸（mg/g）	3.922
VB$_1$（mg/kg）	568.88	胱氨酸（mg/g）	7.29	β-葡聚糖（mg/g）	20.34
VB$_2$（mg/kg）	168.32	酪氨酸（mg/g）	4.02		

五、DNA指纹条形码

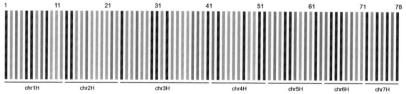

六、附图

田间整体图片

田间穗部图片

籽粒图片

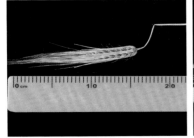

穗部图片

成熟期整株图片

BJX003

一、原产地：西藏吉隆

二、国家统一编号：ZDM04374

三、形态特征及生物学特性

幼苗叶片、叶耳均为绿色。株高88.7cm，紧凑株型，第二茎秆直径5.65mm。全生育期为110d，单株穗数为7.0穗，穗姿下垂、六棱，穗和芒色为黄色、黑色，穗长7.3cm，每穗51.3粒。长芒、光芒，裸粒，粒呈黄色、椭圆形，千粒重为41.39g。

四、品质检测结果

项目	数值	项目	数值	项目	数值
蛋白质（%）	18.18	VB$_6$（mg/kg）	39.19	丙氨酸（mg/g）	7.66
淀粉（%）	38.08	VE（mg/kg）	314.14	精氨酸（mg/g）	9.19
纤维素（%）	15.31	脯氨酸（mg/g）	25.71	苏氨酸（mg/g）	5.80
木质素（%）	10.69	赖氨酸（mg/g）	2.62	甘氨酸（mg/g）	7.10
Ca（mg/kg）	1294.09	亮氨酸（mg/g）	10.02	组氨酸（mg/g）	1.60
Zn（mg/kg）	88.18	异亮氨酸（mg/g）	4.84	丝氨酸（mg/g）	6.20
Fe（mg/kg）	211.92	苯丙氨酸（mg/g）	8.58	谷氨酸（mg/g）	36.09
P（mg/kg）	8592.18	甲硫氨酸（mg/g）	1.77	天冬氨酸（mg/g）	10.11
Se（mg/kg）	0.526	缬氨酸（mg/g）	2.06	γ-氨基丁酸（mg/g）	7.208
VB$_1$（mg/kg）	651.62	胱氨酸（mg/g）	8.79	β-葡聚糖（mg/g）	17.85
VB$_2$（mg/kg）	338.07	酪氨酸（mg/g）	4.24		

五、DNA指纹条形码

六、附图

田间整体图片

田间穗部图片

籽粒图片

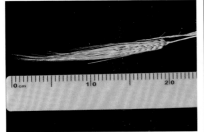

穗部图片

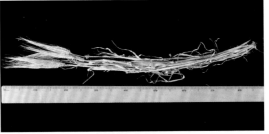

成熟期整株图片

BJX004

一、原产地：西藏吉隆

二、国家统一编号：ZDM04375

三、形态特征及生物学特性

幼苗叶片、叶耳均为绿色。株高94.3cm，中等株型，第二茎秆直径2.78mm。全生育期为98d，单株穗数为5.0穗，穗姿下垂、六棱，穗和芒色为黄色，穗长6.0cm，每穗47.3粒。长芒、光芒，裸粒，粒呈黄色、椭圆形，千粒重为40.83g。

四、品质检测结果

项目	数值	项目	数值	项目	数值
蛋白质（%）	20.98	VB_6（mg/kg）	46.65	丙氨酸（mg/g）	7.47
淀粉（%）	36.61	VE（mg/kg）	233.14	精氨酸（mg/g）	10.25
纤维素（%）	13.00	脯氨酸（mg/g）	15.63	苏氨酸（mg/g）	6.35
木质素（%）	7.74	赖氨酸（mg/g）	2.10	甘氨酸（mg/g）	7.55
Ca（mg/kg）	1542.86	亮氨酸（mg/g）	10.91	组氨酸（mg/g）	2.22
Zn（mg/kg）	88.10	异亮氨酸（mg/g）	5.51	丝氨酸（mg/g）	7.00
Fe（mg/kg）	238.10	苯丙氨酸（mg/g）	9.57	谷氨酸（mg/g）	40.83
P（mg/kg）	8179.89	甲硫氨酸（mg/g）	1.92	天冬氨酸（mg/g）	11.25
Se（mg/kg）	2.363	缬氨酸（mg/g）	2.23	γ-氨基丁酸（mg/g）	6.819
VB_1（mg/kg）	578.85	胱氨酸（mg/g）	9.54	β-葡聚糖（mg/g）	11.66
VB_2（mg/kg）	306.08	酪氨酸（mg/g）	4.85		

五、DNA指纹条形码

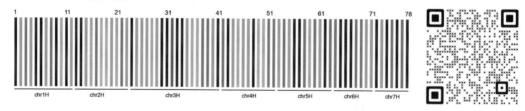

六、附图

田间整体图片

田间穗部图片

籽粒图片

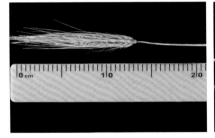

穗部图片

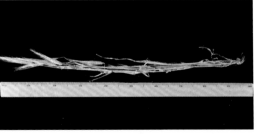

成熟期整株图片

BJX005

一、原产地：西藏吉隆

二、国家统一编号：ZDM04376

三、形态特征及生物学特性

幼苗叶片、叶耳均为绿色。株高102.5cm，紧凑株型，第二茎秆直径3.75mm。全生育期为110d，单株穗数为12.0穗，穗姿下垂、六棱，穗和芒色为黄色，穗长7.5cm，每穗60.5粒。长芒、光芒，裸粒，粒呈褐色、椭圆形，千粒重为32.89g。

四、品质检测结果

项目	数值	项目	数值	项目	数值
蛋白质（%）	20.16	VB$_6$（mg/kg）	48.22	丙氨酸（mg/g）	4.80
淀粉（%）	39.43	VE（mg/kg）	245.55	精氨酸（mg/g）	5.85
纤维素（%）	15.06	脯氨酸（mg/g）	13.62	苏氨酸（mg/g）	3.79
木质素（%）	13.30	赖氨酸（mg/g）	1.75	甘氨酸（mg/g）	4.61
Ca（mg/kg）	1460.55	亮氨酸（mg/g）	6.90	组氨酸（mg/g）	1.30
Zn（mg/kg）	83.67	异亮氨酸（mg/g）	3.45	丝氨酸（mg/g）	4.40
Fe（mg/kg）	185.43	苯丙氨酸（mg/g）	5.94	谷氨酸（mg/g）	27.80
P（mg/kg）	7615.58	甲硫氨酸（mg/g）	1.11	天冬氨酸（mg/g）	7.21
Se（mg/kg）	0.572	缬氨酸（mg/g）	1.51	γ-氨基丁酸（mg/g）	6.463
VB$_1$（mg/kg）	551.66	胱氨酸（mg/g）	5.22	β-葡聚糖（mg/g）	10.90
VB$_2$（mg/kg）	327.96	酪氨酸（mg/g）	3.14		

五、DNA指纹条形码

六、附图

田间整体图片

田间穗部图片

籽粒图片

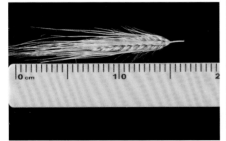

穗部图片

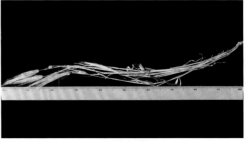

成熟期整株图片

BJX031

一、原产地：西藏吉隆

二、国家统一编号：ZDM04898

三、形态特征及生物学特性

幼苗叶片、叶耳均为绿色。株高108.6cm，中等株型，第二茎秆直径2.52mm。全生育期为105d，单株穗数为5.0穗，穗姿下垂、六棱，穗和芒色为黑色，穗长7.6cm，每穗59.8粒。长芒、光芒，裸粒，粒呈黄色、椭圆形，千粒重为40.61g。

四、品质检测结果

项目	数值	项目	数值	项目	数值
蛋白质（%）	16.07	VB$_6$（mg/kg）	41.29	丙氨酸（mg/g）	5.03
淀粉（%）	62.29	VE（mg/kg）	237.08	精氨酸（mg/g）	6.12
纤维素（%）	14.36	脯氨酸（mg/g）	22.79	苏氨酸（mg/g）	3.49
木质素（%）	14.39	赖氨酸（mg/g）	3.98	甘氨酸（mg/g）	5.31
Ca（mg/kg）	1380.67	亮氨酸（mg/g）	7.11	组氨酸（mg/g）	0.38
Zn（mg/kg）	63.03	异亮氨酸（mg/g）	3.61	丝氨酸（mg/g）	4.42
Fe（mg/kg）	188.34	苯丙氨酸（mg/g）	5.58	谷氨酸（mg/g）	31.18
P（mg/kg）	6537.12	甲硫氨酸（mg/g）	0.29	天冬氨酸（mg/g）	1.67
Se（mg/kg）	2.873	缬氨酸（mg/g）	2.48	γ-氨基丁酸（mg/g）	4.366
VB$_1$（mg/kg）	340.06	胱氨酸（mg/g）	6.12	β-葡聚糖（mg/g）	17.86
VB$_2$（mg/kg）	208.12	酪氨酸（mg/g）	3.02		5.03

五、DNA指纹条形码

六、附图

田间整体图片

田间穗部图片

籽粒图片

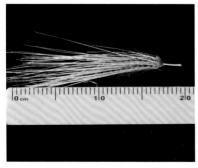

穗部图片

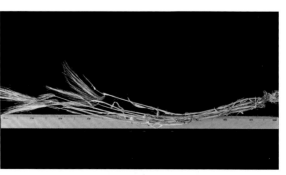

成熟期整株图片

BJX033

一、原产地：西藏吉隆

二、国家统一编号：ZDM04901

三、形态特征及生物学特性

幼苗叶片、叶耳均为绿色。株高87.2cm，中等株型，第二茎秆直径2.89mm。全生育期为105d，单株穗数为3.8穗，穗姿直立、六棱，穗和芒色为黑色，穗长6.0cm，每穗54.2粒。长芒、光芒，裸粒，粒呈黄色、长圆形，千粒重为39.52g。

四、品质检测结果

项目	数值	项目	数值	项目	数值
蛋白质（%）	15.33	VB$_6$（mg/kg）	30.35	丙氨酸（mg/g）	6.33
淀粉（%）	69.43	VE（mg/kg）	240.91	精氨酸（mg/g）	7.75
纤维素（%）	14.10	脯氨酸（mg/g）	21.76	苏氨酸（mg/g）	4.96
木质素（%）	13.85	赖氨酸（mg/g）	6.02	甘氨酸（mg/g）	7.25
Ca（mg/kg）	1041.81	亮氨酸（mg/g）	10.13	组氨酸（mg/g）	1.32
Zn（mg/kg）	50.70	异亮氨酸（mg/g）	5.16	丝氨酸（mg/g）	6.13
Fe（mg/kg）	98.27	苯丙氨酸（mg/g）	8.34	谷氨酸（mg/g）	38.54
P（mg/kg）	5382.03	甲硫氨酸（mg/g）	0.54	天冬氨酸（mg/g）	2.33
Se（mg/kg）	2.460	缬氨酸（mg/g）	2.78	γ-氨基丁酸（mg/g）	5.039
VB$_1$（mg/kg）	369.39	胱氨酸（mg/g）	9.35	β-葡聚糖（mg/g）	18.87
VB$_2$（mg/kg）	217.23	酪氨酸（mg/g）	3.89		

五、DNA指纹条形码

六、附图

田间整体图片

田间穗部图片

籽粒图片

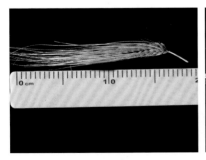

穗部图片

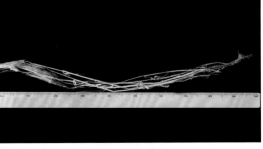

成熟期整株图片

BJX041

一、原产地：西藏吉隆

二、国家统一编号：ZDM05167

三、形态特征及生物学特性

幼苗叶片、叶耳均为绿色。株高80.0cm，紧凑株型，第二茎秆直径2.99mm。全生育期为97d，单株穗数为6.5穗，穗姿下垂、六棱，穗和芒色为黄色，穗长4.5cm，每穗34.5粒。长芒、光芒，裸粒，粒呈褐色、长圆形，千粒重为38.92g。

四、品质检测结果

项目	数值	项目	数值	项目	数值
蛋白质（%）	12.81	VB$_6$（mg/kg）	48.30	丙氨酸（mg/g）	5.70
淀粉（%）	63.02	VE（mg/kg）	252.03	精氨酸（mg/g）	6.63
纤维素（%）	16.65	脯氨酸（mg/g）	16.39	苏氨酸（mg/g）	4.53
木质素（%）	10.47	赖氨酸（mg/g）	4.94	甘氨酸（mg/g）	6.43
Ca（mg/kg）	1 115.67	亮氨酸（mg/g）	8.16	组氨酸（mg/g）	1.04
Zn（mg/kg）	55.99	异亮氨酸（mg/g）	4.01	丝氨酸（mg/g）	5.05
Fe（mg/kg）	270.74	苯丙氨酸（mg/g）	6.23	谷氨酸（mg/g）	29.10
P（mg/kg）	5 589.86	甲硫氨酸（mg/g）	0.31	天冬氨酸（mg/g）	1.96
Se（mg/kg）	1.457	缬氨酸（mg/g）	2.31	γ-氨基丁酸（mg/g）	3.060
VB$_1$（mg/kg）	318.68	胱氨酸（mg/g）	6.94	β-葡聚糖（mg/g）	17.88
VB$_2$（mg/kg）	234.87	酪氨酸（mg/g）	3.45		

五、DNA指纹条形码

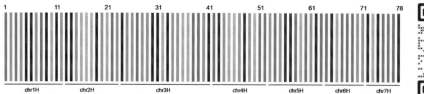

六、附图

田间整体图片

田间穗部图片

籽粒图片

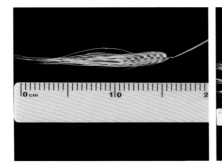

穗部图片

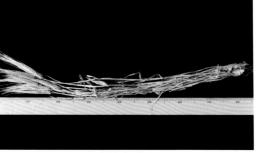

成熟期整株图片

BJX059

一、原产地：西藏吉隆

二、国家统一编号：ZDM05831

三、形态特征及生物学特性

幼苗叶片、叶耳均为绿色。株高93.7cm，松散株型，第二茎秆直径4.04mm。全生育期为97d，单株穗数为8.7穗，穗姿下垂、六棱，穗和芒色为黄色，穗长8.0cm，每穗63.7粒。长芒、光芒，裸粒，粒呈蓝色、椭圆形，千粒重为41.66g。

四、品质检测结果

项目	数值	项目	数值	项目	数值
蛋白质（%）	12.72	VB$_6$（mg/kg）	44.88	丙氨酸（mg/g）	1.63
淀粉（%）	64.23	VE（mg/kg）	233.21	精氨酸（mg/g）	1.55
纤维素（%）	13.95	脯氨酸（mg/g）	5.52	苏氨酸（mg/g）	1.57
木质素（%）	12.17	赖氨酸（mg/g）	2.29	甘氨酸（mg/g）	1.98
Ca（mg/kg）	761.87	亮氨酸（mg/g）	2.95	组氨酸（mg/g）	0.21
Zn（mg/kg）	29.74	异亮氨酸（mg/g）	1.48	丝氨酸（mg/g）	1.62
Fe（mg/kg）	69.85	苯丙氨酸（mg/g）	2.31	谷氨酸（mg/g）	12.90
P（mg/kg）	3 434.76	甲硫氨酸（mg/g）	0.31	天冬氨酸（mg/g）	2.29
Se（mg/kg）	0.238	缬氨酸（mg/g）	0.04	γ-氨基丁酸（mg/g）	2.359
VB$_1$（mg/kg）	265.54	胱氨酸（mg/g）	0.75	β-葡聚糖（mg/g）	22.29
VB$_2$（mg/kg）	238.14	酪氨酸（mg/g）	1.32		

五、DNA指纹条形码

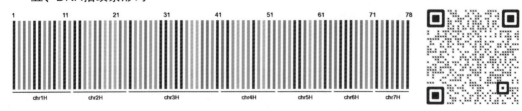

六、附图

田间整体图片

田间穗部图片

籽粒图片

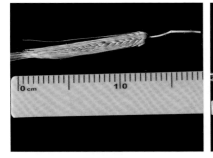

穗部图片

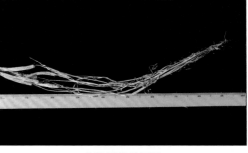

成熟期整株图片

BJX060

一、原产地：西藏吉隆

二、国家统一编号：ZDM05832

三、形态特征及生物学特性

幼苗叶片、叶耳均为绿色。株高88.7cm，中等株型，第二茎秆直径2.76mm。全生育期为97d，单株穗数为9.3穗，穗姿下垂、六棱，穗和芒色为黄色、紫色，穗长7.7cm，每穗58.0粒。长芒、光芒，裸粒，粒呈褐色、椭圆形，千粒重为40.38g。

四、品质检测结果

项目	数值	项目	数值	项目	数值
蛋白质（%）	11.73	VB$_6$（mg/kg）	41.21	丙氨酸（mg/g）	1.21
淀粉（%）	65.91	VE（mg/kg）	211.42	精氨酸（mg/g）	1.83
纤维素（%）	15.36	脯氨酸（mg/g）	6.39	苏氨酸（mg/g）	1.92
木质素（%）	12.33	赖氨酸（mg/g）	2.24	甘氨酸（mg/g）	1.93
Ca（mg/kg）	921.71	亮氨酸（mg/g）	3.05	组氨酸（mg/g）	1.08
Zn（mg/kg）	34.82	异亮氨酸（mg/g）	1.73	丝氨酸（mg/g）	0.95
Fe（mg/kg）	89.98	苯丙氨酸（mg/g）	2.40	谷氨酸（mg/g）	13.97
P（mg/kg）	4062.02	甲硫氨酸（mg/g）	0.32	天冬氨酸（mg/g）	3.38
Se（mg/kg）	0.273	缬氨酸（mg/g）	0.06	γ-氨基丁酸（mg/g）	2.634
VB$_1$（mg/kg）	228.23	胱氨酸（mg/g）	0.93	β-葡聚糖（mg/g）	19.53
VB$_2$（mg/kg）	197.45	酪氨酸（mg/g）	1.24		

五、DNA指纹条形码

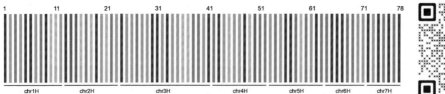

六、附图

田间整体图片

田间穗部图片

籽粒图片

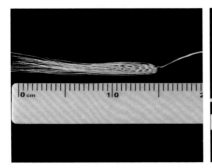

穗部图片

成熟期整株图片

BJX077

一、原产地：西藏吉隆

二、国家统一编号：ZDM06308

三、形态特征及生物学特性

幼苗叶片、叶耳均为绿色。株高87.0cm，中等株型，第二茎秆直径3.38mm。全生育期为97d，单株穗数为4.8穗，穗姿下垂、六棱，穗和芒色为黄色，穗长8.2cm，每穗63.2粒。长芒、光芒，裸粒，粒呈褐色、椭圆形，千粒重为45.56g。

四、品质检测结果

项目	数值	项目	数值	项目	数值
蛋白质（％）	12.42	VB$_6$（mg/kg）	43.47	丙氨酸（mg/g）	3.26
淀粉（％）	62.57	VE（mg/kg）	215.23	精氨酸（mg/g）	3.81
纤维素（％）	14.70	脯氨酸（mg/g）	7.59	苏氨酸（mg/g）	2.45
木质素（％）	12.95	赖氨酸（mg/g）	2.21	甘氨酸（mg/g）	3.34
Ca（mg/kg）	989.81	亮氨酸（mg/g）	5.03	组氨酸（mg/g）	1.18
Zn（mg/kg）	37.82	异亮氨酸（mg/g）	2.73	丝氨酸（mg/g）	2.98
Fe（mg/kg）	113.45	苯丙氨酸（mg/g）	3.59	谷氨酸（mg/g）	20.76
P（mg/kg）	5271.74	甲硫氨酸（mg/g）	0.22	天冬氨酸（mg/g）	5.00
Se（mg/kg）	0.722	缬氨酸（mg/g）	0.06	γ-氨基丁酸（mg/g）	4.470
VB$_1$（mg/kg）	456.89	胱氨酸（mg/g）	3.21	β-葡聚糖（mg/g）	16.62
VB$_2$（mg/kg）	289.83	酪氨酸（mg/g）	2.02		

五、DNA指纹条形码

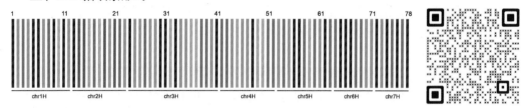

六、附图

田间整体图片

田间穗部图片

籽粒图片

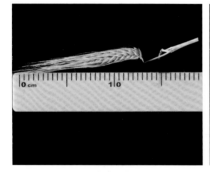

穗部图片

成熟期整株图片

BJX083

一、原产地：西藏吉隆

二、国家统一编号：ZDM06431

三、形态特征及生物学特性

幼苗叶片、叶耳均为绿色。株高94.7cm，中等株型，第二茎秆直径4.37mm。全生育期为98d，单株穗数为8.0穗，穗姿下垂、六棱，穗和芒色为黄色，穗长7.7cm，每穗47.3粒。钩芒、光芒，裸粒，粒呈蓝色、椭圆形，千粒重为46.94g。

四、品质检测结果

项目	数值	项目	数值	项目	数值
蛋白质（%）	13.44	VB$_6$（mg/kg）	46.84	丙氨酸（mg/g）	1.38
淀粉（%）	65.00	VE（mg/kg）	203.54	精氨酸（mg/g）	1.48
纤维素（%）	11.06	脯氨酸（mg/g）	2.74	苏氨酸（mg/g）	1.40
木质素（%）	10.68	赖氨酸（mg/g）	2.71	甘氨酸（mg/g）	1.64
Ca（mg/kg）	697.85	亮氨酸（mg/g）	2.42	组氨酸（mg/g）	0.15
Zn（mg/kg）	44.15	异亮氨酸（mg/g）	1.11	丝氨酸（mg/g）	1.38
Fe（mg/kg）	94.51	苯丙氨酸（mg/g）	1.56	谷氨酸（mg/g）	13.63
P（mg/kg）	5 083.53	甲硫氨酸（mg/g）	0.62	天冬氨酸（mg/g）	0.65
Se（mg/kg）	0.875	缬氨酸（mg/g）	0.16	γ-氨基丁酸（mg/g）	3.368
VB$_1$（mg/kg）	358.71	胱氨酸（mg/g）	0.79	β-葡聚糖（mg/g）	17.38
VB$_2$（mg/kg）	191.59	酪氨酸（mg/g）	0.80		

五、DNA指纹条形码

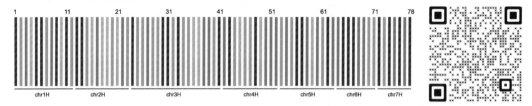

六、附图

田间整体图片

田间穗部图片

籽粒图片

穗部图片

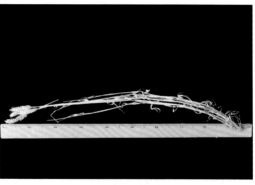

成熟期整株图片

BJX084

一、原产地：西藏吉隆

二、国家统一编号：ZDM06432

三、形态特征及生物学特性

幼苗叶片、叶耳均为绿色。株高100.8cm，中等株型，第二茎秆直径4.81mm。全生育期为103d，单株穗数为4.0穗，穗姿水平、六棱，穗和芒色为黄色，穗长6.0cm，每穗61.2粒。钩芒、光芒，裸粒，粒呈黄色、椭圆形，千粒重为42.95g。

四、品质检测结果

项目	数值	项目	数值	项目	数值
蛋白质（%）	11.08	VB$_6$（mg/kg）	49.28	丙氨酸（mg/g）	2.18
淀粉（%）	69.55	VE（mg/kg）	196.95	精氨酸（mg/g）	2.12
纤维素（%）	21.88	脯氨酸（mg/g）	64.86	苏氨酸（mg/g）	1.72
木质素（%）	11.49	赖氨酸（mg/g）	3.06	甘氨酸（mg/g）	2.20
Ca（mg/kg）	855.95	亮氨酸（mg/g）	3.89	组氨酸（mg/g）	0.10
Zn（mg/kg）	39.29	异亮氨酸（mg/g）	1.96	丝氨酸（mg/g）	1.82
Fe（mg/kg）	217.13	苯丙氨酸（mg/g）	2.41	谷氨酸（mg/g）	16.00
P（mg/kg）	3 321.11	甲硫氨酸（mg/g）	0.52	天冬氨酸（mg/g）	0.79
Se（mg/kg）	0.631	缬氨酸（mg/g）	0.16	γ-氨基丁酸（mg/g）	2.985
VB$_1$（mg/kg）	355.91	胱氨酸（mg/g）	1.81	β-葡聚糖（mg/g）	16.19
VB$_2$（mg/kg）	111.85	酪氨酸（mg/g）	1.48		

五、DNA指纹条形码

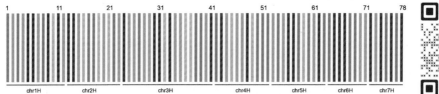

六、附图

田间整体图片

田间穗部图片　　　　　　　　　　　　籽粒图片

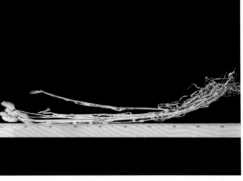

穗部图片　　　　　　　　　　　成熟期整株图片

BJX0142

一、原产地：西藏吉隆

二、国家统一编号：ZDM07025

三、形态特征及生物学特性

幼苗叶片、叶耳均为绿色。株高92.7cm，紧凑株型，第二茎秆直径3.29mm。全生育期为110d，单株穗数为6.3穗，穗姿下垂、六棱，穗和芒色为紫色，穗长6.7cm，每穗55.3粒。长芒、光芒，裸粒，粒呈褐色、椭圆形，千粒重为43.72g。

四、品质检测结果

项目	数值	项目	数值	项目	数值
蛋白质（%）	14.84	VB$_6$（mg/kg）	48.46	丙氨酸（mg/g）	5.61
淀粉（%）	68.71	VE（mg/kg）	256.84	精氨酸（mg/g）	7.30
纤维素（%）	15.36	脯氨酸（mg/g）	9.92	苏氨酸（mg/g）	4.71
木质素（%）	14.42	赖氨酸（mg/g）	5.62	甘氨酸（mg/g）	5.81
Ca（mg/kg）	881.50	亮氨酸（mg/g）	9.40	组氨酸（mg/g）	1.36
Zn（mg/kg）	51.30	异亮氨酸（mg/g）	4.66	丝氨酸（mg/g）	6.08
Fe（mg/kg）	101.88	苯丙氨酸（mg/g）	8.04	谷氨酸（mg/g）	33.24
P（mg/kg）	5763.49	甲硫氨酸（mg/g）	0.28	天冬氨酸（mg/g）	6.69
Se（mg/kg）	0.183	缬氨酸（mg/g）	1.10	γ-氨基丁酸（mg/g）	3.406
VB$_1$（mg/kg）	680.99	胱氨酸（mg/g）	7.36	β-葡聚糖（mg/g）	23.17
VB$_2$（mg/kg）	244.66	酪氨酸（mg/g）	4.21		

五、DNA指纹条形码

六、附图

田间整体图片

田间穗部图片

籽粒图片

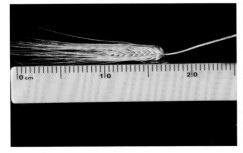

穗部图片

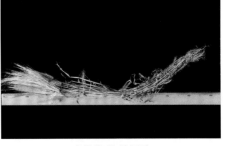

成熟期整株图片

BJX0144

一、原产地：西藏吉隆

二、国家统一编号：ZDM07085

三、形态特征及生物学特性

幼苗叶片、叶耳均为绿色。株高110.7cm，紧凑株型，第二茎秆直径3.74mm。全生育期为116d，单株穗数为8.3穗，穗姿下垂、六棱，穗和芒色为黑紫色，穗长8.7cm，每穗69.0粒。长芒、光芒，裸粒，粒呈紫色、椭圆形，千粒重为21.54g。

四、品质检测结果

项目	数值	项目	数值	项目	数值
蛋白质（%）	12.19	VB$_6$（mg/kg）	52.24	丙氨酸（mg/g）	4.37
淀粉（%）	60.27	VE（mg/kg）	219.15	精氨酸（mg/g）	5.06
纤维素（%）	22.09	脯氨酸（mg/g）	13.04	苏氨酸（mg/g）	3.49
木质素（%）	11.36	赖氨酸（mg/g）	4.68	甘氨酸（mg/g）	4.32
Ca（mg/kg）	955.92	亮氨酸（mg/g）	6.75	组氨酸（mg/g）	0.14
Zn（mg/kg）	38.86	异亮氨酸（mg/g）	3.46	丝氨酸（mg/g）	4.52
Fe（mg/kg）	98.85	苯丙氨酸（mg/g）	4.81	谷氨酸（mg/g）	21.21
P（mg/kg）	4673.97	甲硫氨酸（mg/g）	0.30	天冬氨酸（mg/g）	6.28
Se（mg/kg）	0.115	缬氨酸（mg/g）	0.37	γ-氨基丁酸（mg/g）	3.563
VB$_1$（mg/kg）	688.10	胱氨酸（mg/g）	4.92	β-葡聚糖（mg/g）	22.39
VB$_2$（mg/kg）	246.88	酪氨酸（mg/g）	2.91		

五、DNA指纹条形码

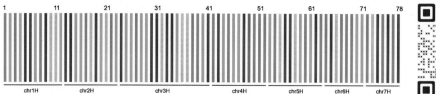 

六、附图

田间整体图片

田间穗部图片

籽粒图片

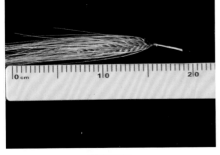

穗部图片

成熟期整株图片

BJX197

一、原产地：西藏吉隆

二、国家统一编号：ZDM07545

三、形态特征及生物学特性

幼苗叶片、叶耳均为绿色。株高81.3cm，中等株型，第二茎秆直径3.05mm。全生育期为97d，单株穗数为5.7穗，穗姿下垂、六棱，穗和芒色为黄色、紫色，穗长6.3cm，每穗45.0粒。长芒、光芒，裸粒，粒呈褐色、长圆形，千粒重为57.29g。

四、品质检测结果

项目	数值	项目	数值	项目	数值
蛋白质（%）	13.00	VB_6（mg/kg）	48.38	丙氨酸（mg/g）	6.07
淀粉（%）	62.43	VE（mg/kg）	327.31	精氨酸（mg/g）	7.75
纤维素（%）	23.59	脯氨酸（mg/g）	7.74	苏氨酸（mg/g）	5.01
木质素（%）	9.68	赖氨酸（mg/g）	4.60	甘氨酸（mg/g）	5.86
Ca（mg/kg）	1 052.63	亮氨酸（mg/g）	9.03	组氨酸（mg/g）	0.74
Zn（mg/kg）	38.15	异亮氨酸（mg/g）	4.87	丝氨酸（mg/g）	5.50
Fe（mg/kg）	82.57	苯丙氨酸（mg/g）	6.12	谷氨酸（mg/g）	28.58
P（mg/kg）	4 058.43	甲硫氨酸（mg/g）	0.39	天冬氨酸（mg/g）	8.61
Se（mg/kg）	1.486	缬氨酸（mg/g）	0.66	γ-氨基丁酸（mg/g）	4.432
VB_1（mg/kg）	1 153.39	胱氨酸（mg/g）	8.00	β-葡聚糖（mg/g）	23.55
VB_2（mg/kg）	219.29	酪氨酸（mg/g）	3.94		

五、DNA指纹条形码

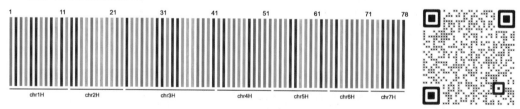

六、附图

田间整体图片

田间穗部图片

籽粒图片

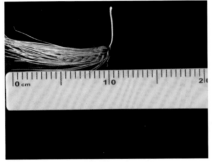

穗部图片

成熟期整株图片

日喀则市岗巴县青稞资源简介

BJX094

一、原产地：西藏岗巴

二、国家统一编号：ZDM06498

三、形态特征及生物学特性

幼苗叶片、叶耳均为绿色。株高82.7cm，紧凑株型，第二茎秆直径3.58mm。全生育期为102d，单株穗数为7.0穗，穗姿下垂、六棱，穗和芒色为黄色，穗长7.3cm，每穗65.0粒。长芒、光芒，裸粒，粒呈蓝色、椭圆形，千粒重为44.91g。

四、品质检测结果

项目	数值	项目	数值	项目	数值
蛋白质（%）	9.04	VB$_6$（mg/kg）	243.23	丙氨酸（mg/g）	0.40
淀粉（%）	64.88	VE（mg/kg）	52.92	精氨酸（mg/g）	0.75
纤维素（%）	21.87	脯氨酸（mg/g）	273.21	苏氨酸（mg/g）	2.17
木质素（%）	12.34	赖氨酸（mg/g）	29.06	甘氨酸（mg/g）	1.87
Ca（mg/kg）	862.99	亮氨酸（mg/g）	1.80	组氨酸（mg/g）	0.50
Zn（mg/kg）	27.05	异亮氨酸（mg/g）	0.99	丝氨酸（mg/g）	0.35
Fe（mg/kg）	97.32	苯丙氨酸（mg/g）	1.78	谷氨酸（mg/g）	0.91
P（mg/kg）	2937.31	甲硫氨酸（mg/g）	0.30	天冬氨酸（mg/g）	2.29
Se（mg/kg）	0.618	缬氨酸（mg/g）	0.28	γ-氨基丁酸（mg/g）	0.90
VB$_1$（mg/kg）	713.46	胱氨酸（mg/g）	0.07	β-葡聚糖（mg/g）	2.025
VB$_2$（mg/kg）	9.04%	酪氨酸（mg/g）	1.79		

五、DNA指纹条形码

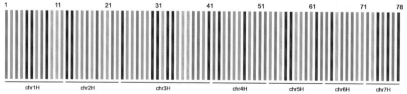

六、附图

田间整体图片

田间穗部图片

籽粒图片

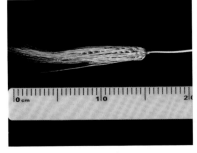

穗部图片

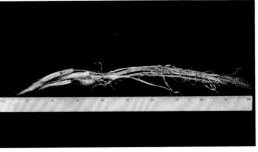

成熟期整株图片

BJX095

一、原产地：西藏岗巴

二、国家统一编号：ZDM06500

三、形态特征及生物学特性

幼苗叶片、叶耳均为绿色。株高97.0cm，紧凑株型，第二茎秆直径4.20mm。全生育期为98d，单株穗数为5.0穗，穗姿下垂、六棱，穗和芒色为黄色，穗长6.5cm，每穗57.5粒。长芒、光芒，裸粒，粒呈黄色、长圆形，千粒重为51.66g。

四、品质检测结果

项目	数值	项目	数值	项目	数值
蛋白质（%）	8.70	VB_6（mg/kg）	43.81	丙氨酸（mg/g）	2.38
淀粉（%）	67.36	VE（mg/kg）	235.99	精氨酸（mg/g）	2.25
纤维素（%）	22.64	脯氨酸（mg/g）	5.10	苏氨酸（mg/g）	2.02
木质素（%）	9.58	赖氨酸（mg/g）	2.72	甘氨酸（mg/g）	2.49
Ca（mg/kg）	879.75	亮氨酸（mg/g）	4.17	组氨酸（mg/g）	0.35
Zn（mg/kg）	26.98	异亮氨酸（mg/g）	2.17	丝氨酸（mg/g）	2.26
Fe（mg/kg）	88.64	苯丙氨酸（mg/g）	2.62	谷氨酸（mg/g）	15.01
P（mg/kg）	3173.18	甲硫氨酸（mg/g）	0.26	天冬氨酸（mg/g）	3.89
Se（mg/kg）	0.488	缬氨酸（mg/g）	0.06	γ-氨基丁酸（mg/g）	1.549
VB_1（mg/kg）	736.31	胱氨酸（mg/g）	2.55	β-葡聚糖（mg/g）	20.71
VB_2（mg/kg）	245.00	酪氨酸（mg/g）	1.47		

五、DNA指纹条形码

六、附图

田间整体图片

田间穗部图片

籽粒图片

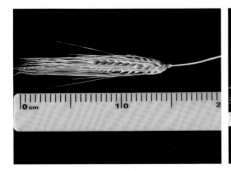

穗部图片

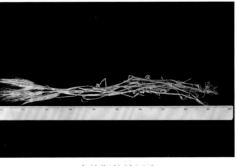

成熟期整株图片

BJX097

一、原产地：西藏岗巴

二、国家统一编号：ZDM06504

三、形态特征及生物学特性

幼苗叶片、叶耳均为绿色。株高92.7cm，紧凑株型，第二茎秆直径3.61mm。全生育期为98d，单株穗数为7.3穗，穗姿下垂、六棱，穗和芒色为黄色，穗长7.0cm，每穗56.0粒。长芒、光芒、裸粒，粒呈褐色、椭圆形，千粒重为44.66g。

四、品质检测结果

项目	数值	项目	数值	项目	数值
蛋白质（%）	9.89	VB_6（mg/kg）	61.13	丙氨酸（mg/g）	2.85
淀粉（%）	67.08	VE（mg/kg）	285.87	精氨酸（mg/g）	3.28
纤维素（%）	22.75	脯氨酸（mg/g）	6.42	苏氨酸（mg/g）	2.58
木质素（%）	13.50	赖氨酸（mg/g）	3.21	甘氨酸（mg/g）	2.95
Ca（mg/kg）	804.75	亮氨酸（mg/g）	4.96	组氨酸（mg/g）	0.70
Zn（mg/kg）	27.49	异亮氨酸（mg/g）	2.65	丝氨酸（mg/g）	2.85
Fe（mg/kg）	162.12	苯丙氨酸（mg/g）	3.47	谷氨酸（mg/g）	19.13
P（mg/kg）	2946.43	甲硫氨酸（mg/g）	0.27	天冬氨酸（mg/g）	4.58
Se（mg/kg）	0.998	缬氨酸（mg/g）	0.08	γ-氨基丁酸（mg/g）	2.342
VB_1（mg/kg）	775.90	胱氨酸（mg/g）	3.39	β-葡聚糖（mg/g）	18.23
VB_2（mg/kg）	281.63	酪氨酸（mg/g）	1.78		

五、DNA指纹条形码

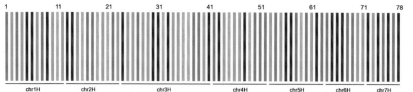

六、附图

田间整体图片

田间穗部图片

籽粒图片

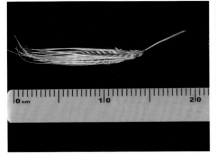

穗部图片

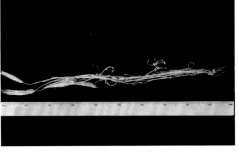

成熟期整株图片

BJX114

一、原产地：西藏岗巴

二、国家统一编号：ZDM06838

三、形态特征及生物学特性

幼苗叶片、叶耳均为绿色。株高105.4cm，紧凑株型，第二茎秆直径4.35mm。全生育期为97d，单株穗数为6.6穗，穗姿下垂、六棱，穗和芒色为黄色，穗长7.4cm，每穗51.8粒。长芒、光芒，裸粒，粒呈黄色、椭圆形，千粒重为46.01g。

四、品质检测结果

项目	数值	项目	数值	项目	数值
蛋白质（%）	9.98	VB$_6$（mg/kg）	60.12	丙氨酸（mg/g）	3.14
淀粉（%）	68.54	VE（mg/kg）	188.48	精氨酸（mg/g）	3.90
纤维素（%）	—	脯氨酸（mg/g）	4.53	苏氨酸（mg/g）	2.96
木质素（%）	—	赖氨酸（mg/g）	2.30	甘氨酸（mg/g）	2.71
Ca（mg/kg）	881.55	亮氨酸（mg/g）	5.37	组氨酸（mg/g）	0.82
Zn（mg/kg）	28.98	异亮氨酸（mg/g）	2.60	丝氨酸（mg/g）	3.48
Fe（mg/kg）	89.97	苯丙氨酸（mg/g）	3.97	谷氨酸（mg/g）	21.83
P（mg/kg）	3412.30	甲硫氨酸（mg/g）	0.27	天冬氨酸（mg/g）	4.85
Se（mg/kg）	4.83	缬氨酸（mg/g）	0.33	γ-氨基丁酸（mg/g）	2.28
VB$_1$（mg/kg）	591.52	胱氨酸（mg/g）	3.12	β-葡聚糖（mg/g）	19.49
VB$_2$（mg/kg）	166.59	酪氨酸（mg/g）	2.51		

五、DNA指纹条形码

六、附图

田间整体图片

田间穗部图片

籽粒图片

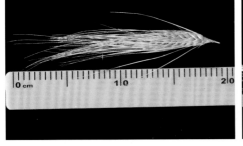

穗部图片

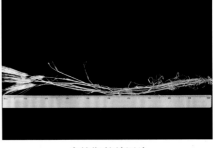

成熟期整株图片

BJX115

一、原产地：西藏岗巴

二、国家统一编号：ZDM06840

三、形态特征及生物学特性

幼苗叶片、叶耳均为绿色。株高89.8cm，中等株型，第二茎秆直径3.89mm。全生育期为94d，单株穗数为15.8穗，穗姿下垂、六棱，穗和芒色为黄色，穗长8.2cm，每穗62.8粒。长芒、光芒，裸粒，粒呈黄色、椭圆形，千粒重为45.62g。

四、品质检测结果

项目	数值	项目	数值	项目	数值
蛋白质（%）	11.07	VB_6（mg/kg）	53.15	丙氨酸（mg/g）	4.46
淀粉（%）	66.55	VE（mg/kg）	233.15	精氨酸（mg/g）	5.59
纤维素（%）	—	脯氨酸（mg/g）	9.42	苏氨酸（mg/g）	3.94
木质素（%）	—	赖氨酸（mg/g）	4.07	甘氨酸（mg/g）	4.32
Ca（mg/kg）	960.20	亮氨酸（mg/g）	7.17	组氨酸（mg/g）	1.28
Zn（mg/kg）	36.42	异亮氨酸（mg/g）	3.52	丝氨酸（mg/g）	4.56
Fe（mg/kg）	111.19	苯丙氨酸（mg/g）	4.92	谷氨酸（mg/g）	27.98
P（mg/kg）	4522.43	甲硫氨酸（mg/g）	0.28	天冬氨酸（mg/g）	6.69
Se（mg/kg）	1.64	缬氨酸（mg/g）	0.60	γ-氨基丁酸（mg/g）	1.97
VB_1（mg/kg）	631.92	胱氨酸（mg/g）	4.85	β-葡聚糖（mg/g）	23.20
VB_2（mg/kg）	225.34	酪氨酸（mg/g）	3.02		

五、DNA指纹条形码

六、附图

田间整体图片

田间穗部图片

籽粒图片

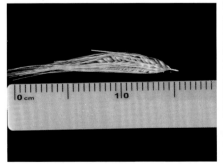

穗部图片

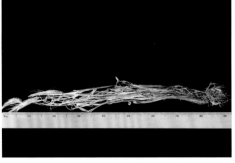

成熟期整株图片

BJX123

一、原产地：西藏岗巴

二、国家统一编号：ZDM06903

三、形态特征及生物学特性

幼苗叶片、叶耳均为绿色。株高96.8cm，紧凑株型，第二茎秆直径4.25mm。全生育期为116d，单株穗数为8.6穗，穗姿下垂、六棱，穗和芒色为黄色，穗长7.0cm，每穗52.2粒。长芒、光芒，裸粒，粒呈褐色、椭圆形，千粒重为46.52g。

四、品质检测结果

项目	数值	项目	数值	项目	数值
蛋白质（%）	13.53	VB_6（mg/kg）	58.17	丙氨酸（mg/g）	5.20
淀粉（%）	61.48	VE（mg/kg）	341.33	精氨酸（mg/g）	5.76
纤维素（%）	—	脯氨酸（mg/g）	8.29	苏氨酸（mg/g）	4.06
木质素（%）	—	赖氨酸（mg/g）	3.56	甘氨酸（mg/g）	4.23
Ca（mg/kg）	990.21	亮氨酸（mg/g）	8.02	组氨酸（mg/g）	0.81
Zn（mg/kg）	53.27	异亮氨酸（mg/g）	4.04	丝氨酸（mg/g）	4.82
Fe（mg/kg）	141.18	苯丙氨酸（mg/g）	5.48	谷氨酸（mg/g）	31.20
P（mg/kg）	6399.90	甲硫氨酸（mg/g）	0.37	天冬氨酸（mg/g）	7.15
Se（mg/kg）	0.19	缬氨酸（mg/g）	1.18	γ - 氨基丁酸（mg/g）	3.10
VB_1（mg/kg）	699.31	胱氨酸（mg/g）	6.31	β - 葡聚糖（mg/g）	22.51
VB_2（mg/kg）	234.60	酪氨酸（mg/g）	3.42		

五、DNA指纹条形码

| chr1H | chr2H | chr3H | chr4H | chr5H | chr6H | chr7H |

六、附图

田间整体图片

田间穗部图片

籽粒图片

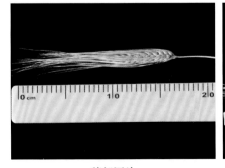

穗部图片

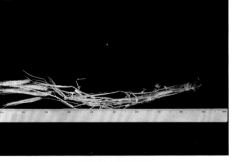

成熟期整株图片

BJX125

一、原产地：西藏岗巴

二、国家统一编号：ZDM06907

三、形态特征及生物学特性

幼苗叶片、叶耳均为绿色。株高93.4cm，紧凑株型，第二茎秆直径3.32mm。全生育期为94d，单株穗数为3.8穗，穗姿下垂、六棱，穗和芒色为黄色，穗长6.0cm，每穗58.4粒。长芒、光芒，裸粒，粒呈蓝色、椭圆形，千粒重为53.16g。

四、品质检测结果

项目	数值	项目	数值	项目	数值
蛋白质（%）	11.54	VB$_6$（mg/kg）	60.95	丙氨酸（mg/g）	4.05
淀粉（%）	69.35	VE（mg/kg）	263.78	精氨酸（mg/g）	4.89
纤维素（%）	—	脯氨酸（mg/g）	11.13	苏氨酸（mg/g）	3.56
木质素（%）	—	赖氨酸（mg/g）	2.97	甘氨酸（mg/g）	3.92
Ca（mg/kg）	879.20	亮氨酸（mg/g）	7.12	组氨酸（mg/g）	1.35
Zn（mg/kg）	41.19	异亮氨酸（mg/g）	3.93	丝氨酸（mg/g）	4.53
Fe（mg/kg）	107.46	苯丙氨酸（mg/g）	5.45	谷氨酸（mg/g）	29.99
P（mg/kg）	4178.55	甲硫氨酸（mg/g）	0.27	天冬氨酸（mg/g）	4.10
Se（mg/kg）	0.53	缬氨酸（mg/g）	0.42	γ-氨基丁酸（mg/g）	1.86
VB$_1$（mg/kg）	758.69	胱氨酸（mg/g）	5.16	β-葡聚糖（mg/g）	21.85
VB$_2$（mg/kg）	213.39	酪氨酸（mg/g）	3.08		4.05

五、DNA指纹条形码

六、附图

田间整体图片

田间穗部图片

籽粒图片

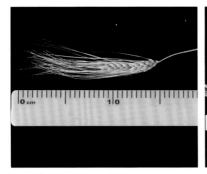

穗部图片

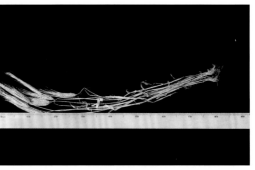

成熟期整株图片

BJX0138

一、原产地：西藏岗巴

二、国家统一编号：ZDM06965

三、形态特征及生物学特性

幼苗叶片、叶耳均为绿色。株高100.4cm，紧凑株型，第二茎秆直径4.23mm。全生育期为112d，单株穗数为6.2穗，穗姿下垂、六棱，穗和芒色为紫色，穗长6.0cm，每穗53.0粒。长芒、光芒，裸粒，粒呈黄色、椭圆形，千粒重为45.75g。

四、品质检测结果

项目	数值	项目	数值	项目	数值
蛋白质（%）	13.67	VB_6（mg/kg）	63.15	丙氨酸（mg/g）	4.50
淀粉（%）	65.08	VE（mg/kg）	273.77	精氨酸（mg/g）	5.67
纤维素（%）	15.91	脯氨酸（mg/g）	6.46	苏氨酸（mg/g）	4.05
木质素（%）	14.50	赖氨酸（mg/g）	3.68	甘氨酸（mg/g）	4.29
Ca（mg/kg）	762.95	亮氨酸（mg/g）	7.44	组氨酸（mg/g）	0.91
Zn（mg/kg）	48.06	异亮氨酸（mg/g）	3.90	丝氨酸（mg/g）	4.97
Fe（mg/kg）	83.42	苯丙氨酸（mg/g）	5.80	谷氨酸（mg/g）	25.91
P（mg/kg）	5331.18	甲硫氨酸（mg/g）	0.27	天冬氨酸（mg/g）	6.61
Se（mg/kg）	0.828	缬氨酸（mg/g）	0.76	γ-氨基丁酸（mg/g）	2.823
VB_1（mg/kg）	599.76	胱氨酸（mg/g）	5.52	β-葡聚糖（mg/g）	25.22
VB_2（mg/kg）	193.45	酪氨酸（mg/g）	3.40		

五、DNA指纹条形码

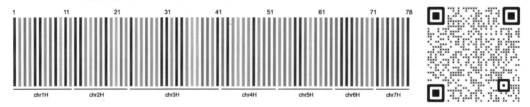

六、附图

田间整体图片

田间穗部图片

籽粒图片

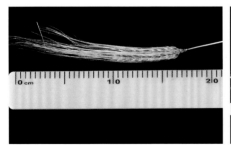

穗部图片

成熟期整株图片

BJX0139

一、原产地：西藏岗巴

二、国家统一编号：ZDM06966

三、形态特征及生物学特性

幼苗叶片、叶耳均为绿色。株高91.0cm，紧凑株型，第二茎秆直径3.14mm。全生育期为101d，单株穗数为6.0穗，穗姿下垂、六棱，穗和芒色为紫色，穗长6.0cm，每穗39.0粒。长芒、光芒，裸粒，粒呈紫色、椭圆形，千粒重为46.07g。

四、品质检测结果

项目	数值	项目	数值	项目	数值
蛋白质（%）	12.70	VB_6（mg/kg）	56.24	丙氨酸（mg/g）	4.39
淀粉（%）	60.61	VE（mg/kg）	266.31	精氨酸（mg/g）	5.23
纤维素（%）	25.39	脯氨酸（mg/g）	6.27	苏氨酸（mg/g）	3.60
木质素（%）	15.26	赖氨酸（mg/g）	4.38	甘氨酸（mg/g）	4.56
Ca（mg/kg）	1 029.76	亮氨酸（mg/g）	6.85	组氨酸（mg/g）	0.78
Zn（mg/kg）	48.52	异亮氨酸（mg/g）	3.39	丝氨酸（mg/g）	4.54
Fe（mg/kg）	141.32	苯丙氨酸（mg/g）	5.17	谷氨酸（mg/g）	20.32
P（mg/kg）	4 609.80	甲硫氨酸（mg/g）	0.27	天冬氨酸（mg/g）	6.31
Se（mg/kg）	0.030	缬氨酸（mg/g）	0.28	γ - 氨基丁酸（mg/g）	3.749
VB_1（mg/kg）	726.93	胱氨酸（mg/g）	4.80	β - 葡聚糖（mg/g）	21.01
VB_2（mg/kg）	230.50	酪氨酸（mg/g）	3.05		

五、DNA指纹条形码

六、附图

田间整体图片

田间穗部图片

籽粒图片

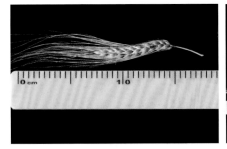

穗部图片

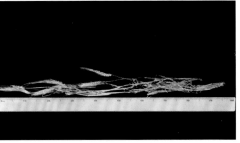

成熟期整株图片

BJX0140

一、原产地：西藏岗巴

二、国家统一编号：ZDM06967

三、形态特征及生物学特性

幼苗叶片、叶耳均为绿色。株高105.0cm，紧凑株型，第二茎秆直径3.57mm。全生育期为124d，单株穗数为9.0穗，穗姿水平、六棱，穗和芒色为紫色，穗长9.2cm，每穗62.8粒。长芒、光芒，裸粒，粒呈紫色、椭圆形，千粒重为42.31g。

四、品质检测结果

项目	数值	项目	数值	项目	数值
蛋白质（%）	13.01	VB$_6$（mg/kg）	51.44	丙氨酸（mg/g）	4.72
淀粉（%）	68.12	VE（mg/kg）	235.61	精氨酸（mg/g）	5.55
纤维素（%）	26.01	脯氨酸（mg/g）	9.86	苏氨酸（mg/g）	4.08
木质素（%）	16.47	赖氨酸（mg/g）	4.87	甘氨酸（mg/g）	4.78
Ca（mg/kg）	973.92	亮氨酸（mg/g）	8.26	组氨酸（mg/g）	1.73
Zn（mg/kg）	38.78	异亮氨酸（mg/g）	4.02	丝氨酸（mg/g）	5.33
Fe（mg/kg）	88.87	苯丙氨酸（mg/g）	6.19	谷氨酸（mg/g）	28.71
P（mg/kg）	4120.50	甲硫氨酸（mg/g）	0.27	天冬氨酸（mg/g）	6.75
Se（mg/kg）	0.336	缬氨酸（mg/g）	0.38	γ-氨基丁酸（mg/g）	3.840
VB$_1$（mg/kg）	656.43	胱氨酸（mg/g）	6.08	β-葡聚糖（mg/g）	23.55
VB$_2$（mg/kg）	191.75	酪氨酸（mg/g）	3.51		

五、DNA指纹条形码

六、附图

田间整体图片

田间穗部图片

籽粒图片

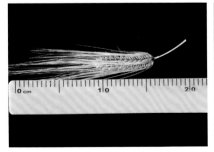

穗部图片

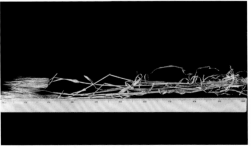

成熟期整株图片

BJX0148

一、原产地：西藏岗巴

二、国家统一编号：ZDM07117

三、形态特征及生物学特性

幼苗叶片、叶耳均为绿色。株高90.2cm，紧凑株型，第二茎秆直径3.23mm。全生育期为103d，单株穗数为7.6穗，穗姿下垂、六棱，穗和芒色为黑色，穗长7.2cm，每穗55.6粒。长芒、光芒，裸粒，粒呈褐色、椭圆形，千粒重为44.31g。

四、品质检测结果

项目	数值	项目	数值	项目	数值
蛋白质（%）	15.21	VB$_6$（mg/kg）	68.96	丙氨酸（mg/g）	5.08
淀粉（%）	58.15	VE（mg/kg）	258.06	精氨酸（mg/g）	6.28
纤维素（%）	19.73	脯氨酸（mg/g）	12.52	苏氨酸（mg/g）	4.53
木质素（%）	8.55	赖氨酸（mg/g）	5.04	甘氨酸（mg/g）	5.01
Ca（mg/kg）	956.10	亮氨酸（mg/g）	8.62	组氨酸（mg/g）	1.12
Zn（mg/kg）	45.95	异亮氨酸（mg/g）	4.41	丝氨酸（mg/g）	5.67
Fe（mg/kg）	95.09	苯丙氨酸（mg/g）	6.82	谷氨酸（mg/g）	32.00
P（mg/kg）	4233.39	甲硫氨酸（mg/g）	0.27	天冬氨酸（mg/g）	5.25
Se（mg/kg）	0.102	缬氨酸（mg/g）	0.38	γ-氨基丁酸（mg/g）	4.655
VB$_1$（mg/kg）	811.48	胱氨酸（mg/g）	6.83	β-葡聚糖（mg/g）	22.54
VB$_2$（mg/kg）	249.89	酪氨酸（mg/g）	3.69		

五、DNA指纹条形码

六、附图

田间整体图片

田间穗部图片

籽粒图片

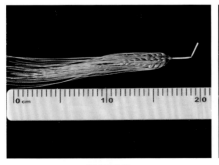

穗部图片

成熟期整株图片

BJX0165

一、原产地：西藏岗巴

二、国家统一编号：ZDM07444

三、形态特征及生物学特性

幼苗叶片、叶耳均为绿色。株高99.3cm，中等株型，第二茎秆直径3.37mm。全生育期为98d，单株穗数为7.0穗，穗姿下垂、六棱，穗和芒色为黄色、紫色、褐色，穗长6.7cm，每穗52.0粒。长芒、光芒，裸粒，粒呈紫色、椭圆形，千粒重为42.61g。

四、品质检测结果

项目	数值	项目	数值	项目	数值
蛋白质（%）	12.81	VB$_6$（mg/kg）	45.07	丙氨酸（mg/g）	4.34
淀粉（%）	66.35	VE（mg/kg）	270.24	精氨酸（mg/g）	5.33
纤维素（%）	25.11	脯氨酸（mg/g）	5.88	苏氨酸（mg/g）	4.03
木质素（%）	13.56	赖氨酸（mg/g）	3.81	甘氨酸（mg/g）	3.85
Ca（mg/kg）	839.25	亮氨酸（mg/g）	6.68	组氨酸（mg/g）	2.33
Zn（mg/kg）	38.58	异亮氨酸（mg/g）	3.40	丝氨酸（mg/g）	3.98
Fe（mg/kg）	108.28	苯丙氨酸（mg/g）	5.10	谷氨酸（mg/g）	23.93
P（mg/kg）	4259.26	甲硫氨酸（mg/g）	0.28	天冬氨酸（mg/g）	4.37
Se（mg/kg）	0.199	缬氨酸（mg/g）	0.07	γ-氨基丁酸（mg/g）	3.195
VB$_1$（mg/kg）	649.67	胱氨酸（mg/g）	4.81	β-葡聚糖（mg/g）	22.51
VB$_2$（mg/kg）	198.27	酪氨酸（mg/g）	2.87		

五、DNA指纹条形码

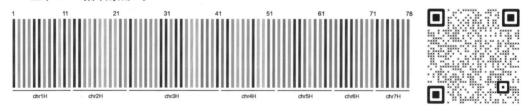

六、附图

田间整体图片

田间穗部图片

籽粒图片

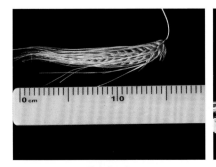

穗部图片

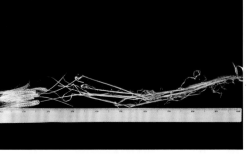

成熟期整株图片

BJX186

一、原产地：西藏岗巴

二、国家统一编号：ZDM07501

三、形态特征及生物学特性

幼苗叶片、叶耳均为绿色。株高96.6cm，中等株型，第二茎秆直径3.95mm。全生育期为101d，单株穗数为6.0穗，穗姿下垂、六棱，穗和芒色为黄色，穗长7.0cm，每穗58.4粒。长芒、光芒，裸粒，粒呈黄色、椭圆形，千粒重为49.30g。

四、品质检测结果

项目	数值	项目	数值	项目	数值
蛋白质（%）	9.44	VB_6（mg/kg）	56.53	丙氨酸（mg/g）	3.08
淀粉（%）	69.23	VE（mg/kg）	306.22	精氨酸（mg/g）	3.36
纤维素（%）	21.25	脯氨酸（mg/g）	4.33	苏氨酸（mg/g）	2.87
木质素（%）	12.97	赖氨酸（mg/g）	2.70	甘氨酸（mg/g）	3.29
Ca（mg/kg）	811.22	亮氨酸（mg/g）	5.42	组氨酸（mg/g）	0.15
Zn（mg/kg）	32.31	异亮氨酸（mg/g）	2.74	丝氨酸（mg/g）	3.03
Fe（mg/kg）	114.67	苯丙氨酸（mg/g）	3.58	谷氨酸（mg/g）	14.25
P（mg/kg）	3328.47	甲硫氨酸（mg/g）	0.30	天冬氨酸（mg/g）	3.63
Se（mg/kg）	0.629	缬氨酸（mg/g）	0.40	γ-氨基丁酸（mg/g）	3.333
VB_1（mg/kg）	715.22	胱氨酸（mg/g）	3.40	β-葡聚糖（mg/g）	21.11
VB_2（mg/kg）	309.46	酪氨酸（mg/g）	2.03		

五、DNA指纹条形码

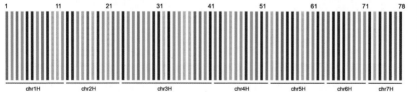

六、附图

田间整体图片

田间穗部图片

籽粒图片

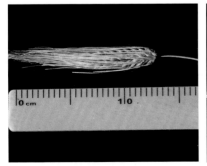

穗部图片

成熟期整株图片

BJX187

一、原产地：西藏岗巴

二、国家统一编号：ZDM07502

三、形态特征及生物学特性

幼苗叶片、叶耳均为绿色。株高94.6cm，紧凑株型，第二茎秆直径3.75mm。全生育期为99d，单株穗数为7.2穗，穗姿下垂、六棱，穗和芒色为黑色，穗长8.4cm，每穗66.8粒。长芒、光芒，裸粒，粒呈褐色、椭圆形，千粒重为38.62g。

四、品质检测结果

项目	数值	项目	数值	项目	数值
蛋白质（%）	15.68	VB$_6$（mg/kg）	72.19	丙氨酸（mg/g）	5.35
淀粉（%）	68.05	VE（mg/kg）	372.98	精氨酸（mg/g）	6.41
纤维素（%）	25.21	脯氨酸（mg/g）	3.82	苏氨酸（mg/g）	4.47
木质素（%）	13.05	赖氨酸（mg/g）	3.30	甘氨酸（mg/g）	5.29
Ca（mg/kg）	1 156.17	亮氨酸（mg/g）	7.84	组氨酸（mg/g）	0.12
Zn（mg/kg）	55.81	异亮氨酸（mg/g）	4.02	丝氨酸（mg/g）	4.73
Fe（mg/kg）	115.46	苯丙氨酸（mg/g）	5.10	谷氨酸（mg/g）	20.25
P（mg/kg）	6 169.99	甲硫氨酸（mg/g）	1.20	天冬氨酸（mg/g）	5.70
Se（mg/kg）	1.583	缬氨酸（mg/g）	5.67	γ-氨基丁酸（mg/g）	5.504
VB$_1$（mg/kg）	824.68	胱氨酸（mg/g）	1.75	β-葡聚糖（mg/g）	23.43
VB$_2$（mg/kg）	308.99	酪氨酸（mg/g）	3.17		

五、DNA指纹条形码

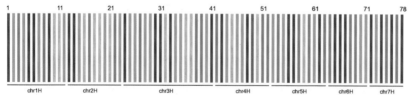

六、附图

田间整体图片

田间穗部图片

籽粒图片

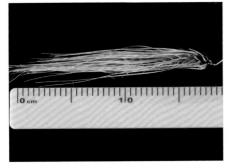

穗部图片

成熟期整株图片

BJX188

一、原产地：西藏岗巴

二、国家统一编号：ZDM07503

三、形态特征及生物学特性

幼苗叶片、叶耳均为绿色。株高84.7cm，中等株型，第二茎秆直径3.70mm。全生育期为101d，单株穗数为11.0穗，穗姿下垂、六棱，穗和芒色为黄色，穗长7.3cm，每穗65.3粒。长芒、光芒，裸粒，粒呈褐色、椭圆形，千粒重为49.62g。

四、品质检测结果

项目	数值	项目	数值	项目	数值
蛋白质（%）	14.07	VB$_6$（mg/kg）	68.77	丙氨酸（mg/g）	4.83
淀粉（%）	63.16	VE（mg/kg）	289.51	精氨酸（mg/g）	6.32
纤维素（%）	22.35	脯氨酸（mg/g）	4.23	苏氨酸（mg/g）	4.14
木质素（%）	11.53	赖氨酸（mg/g）	2.94	甘氨酸（mg/g）	4.20
Ca（mg/kg）	932.53	亮氨酸（mg/g）	7.78	组氨酸（mg/g）	0.15
Zn（mg/kg）	45.37	异亮氨酸（mg/g）	3.98	丝氨酸（mg/g）	4.75
Fe（mg/kg）	137.51	苯丙氨酸（mg/g）	5.33	谷氨酸（mg/g）	24.47
P（mg/kg）	5221.03	甲硫氨酸（mg/g）	0.27	天冬氨酸（mg/g）	5.74
Se（mg/kg）	0.706	缬氨酸（mg/g）	0.96	γ-氨基丁酸（mg/g）	2.987
VB$_1$（mg/kg）	1034.44	胱氨酸（mg/g）	5.74	β-葡聚糖（mg/g）	31.07
VB$_2$（mg/kg）	254.82	酪氨酸（mg/g）	3.04		

五、DNA指纹条形码

六、附图

田间整体图片

田间穗部图片

籽粒图片

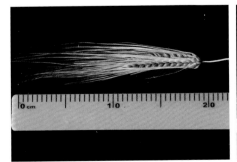

穗部图片

成熟期整株图片

BJX190

一、原产地：西藏岗巴

二、国家统一编号：ZDM07505

三、形态特征及生物学特性

幼苗叶片、叶耳均为绿色。株高93.3cm，紧凑株型，第二茎秆直径4.58mm。全生育期为114d，单株穗数为10.0穗，穗姿下垂、六棱，穗和芒色为黄发红，穗长8.0cm，每穗58.3粒。长芒、光芒，裸粒，粒呈褐色、椭圆形，千粒重为40.32g。

四、品质检测结果

项目	数值	项目	数值	项目	数值
蛋白质（%）	13.59	VB$_6$（mg/kg）	62.10	丙氨酸（mg/g）	4.91
淀粉（%）	68.38	VE（mg/kg）	286.22	精氨酸（mg/g）	4.58
纤维素（%）	14.72	脯氨酸（mg/g）	4.28	苏氨酸（mg/g）	3.11
木质素（%）	12.08	赖氨酸（mg/g）	3.22	甘氨酸（mg/g）	4.36
Ca（mg/kg）	978.98	亮氨酸（mg/g）	7.62	组氨酸（mg/g）	0.09
Zn（mg/kg）	38.39	异亮氨酸（mg/g）	3.44	丝氨酸（mg/g）	4.77
Fe（mg/kg）	94.38	苯丙氨酸（mg/g）	5.46	谷氨酸（mg/g）	25.89
P（mg/kg）	5255.94	甲硫氨酸（mg/g）	0.29	天冬氨酸（mg/g）	6.33
Se（mg/kg）	0.570	缬氨酸（mg/g）	0.13	γ-氨基丁酸（mg/g）	4.545
VB$_1$（mg/kg）	1060.08	胱氨酸（mg/g）	3.94	β-葡聚糖（mg/g）	29.98
VB$_2$（mg/kg）	227.12	酪氨酸（mg/g）	3.06		

五、DNA指纹条形码

六、附图

田间整体图片

田间穗部图片

籽粒图片

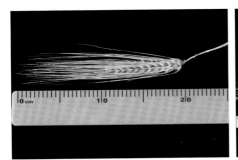

穗部图片

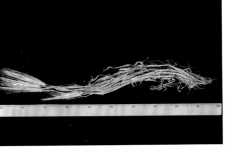

成熟期整株图片

日喀则市亚东县青稞资源简介

BJX013

一、原产地：西藏亚东

二、国家统一编号：ZDM04436

三、形态特征及生物学特性

　　幼苗叶片、叶耳均为绿色。株高101.0cm，松散株型，第二茎秆直径2.57mm。全生育期为98d，单株穗数为7.5穗，穗姿水平、六棱，穗和芒色为褐色，穗长7.5cm，每穗59.5粒。长芒、光芒，裸粒，粒呈紫色、椭圆形，千粒重为52.66g。

四、品质监测结果

项目	数值	项目	数值	项目	数值
蛋白质（%）	18.46	VB_6（mg/kg）	41.55	丙氨酸（mg/g）	8.32
淀粉（%）	48.41	VE（mg/kg）	257.58	精氨酸（mg/g）	9.56
纤维素（%）	22.08	脯氨酸（mg/g）	24.35	苏氨酸（mg/g）	6.10
木质素（%）	10.59	赖氨酸（mg/g）	3.32	甘氨酸（mg/g）	7.74
Ca（mg/kg）	1399.25	亮氨酸（mg/g）	12.20	组氨酸（mg/g）	2.98
Zn（mg/kg）	66.85	异亮氨酸（mg/g）	4.39	丝氨酸（mg/g）	8.44
Fe（mg/kg）	169.02	苯丙氨酸（mg/g）	10.29	谷氨酸（mg/g）	51.21
P（mg/kg）	7455.27	甲硫氨酸（mg/g）	1.90	天冬氨酸（mg/g）	11.96
Se（mg/kg）	0.411	缬氨酸（mg/g）	2.77	γ-氨基丁酸（mg/g）	4.701
VB_1（mg/kg）	427.02	胱氨酸（mg/g）	8.16	β-葡聚糖（mg/g）	14.99
VB_2（mg/kg）	171.81	酪氨酸（mg/g）	5.48		

五、DNA指纹条形码

六、附图

田间整体图片

田间穗部图片

籽粒图片

穗部图片

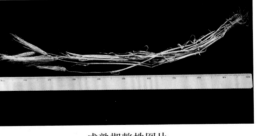

成熟期整株图片

BJX015

一、原产地：西藏亚东

二、国家统一编号：ZDM04438

三、形态特征及生物学特性

幼苗叶片、叶耳均为绿色。株高101.0cm，松散株型，第二茎秆直径4.06mm。全生育期为98d，单株穗数为8.5穗，穗姿下垂、六棱，穗和芒色为褐紫色，穗长7.5cm，每穗59.5粒。长芒、光芒，裸粒，粒呈紫色、椭圆形，千粒重为50.45g。

四、品质监测结果

项目	数值	项目	数值	项目	数值
蛋白质（%）	21.39	VB$_6$（mg/kg）	49.52	丙氨酸（mg/g）	7.43
淀粉（%）	38.30	VE（mg/kg）	266.09	精氨酸（mg/g）	9.69
纤维素（%）	18.61	脯氨酸（mg/g）	18.04	苏氨酸（mg/g）	5.66
木质素（%）	12.16	赖氨酸（mg/g）	3.70	甘氨酸（mg/g）	8.38
Ca（mg/kg）	1489.22	亮氨酸（mg/g）	10.99	组氨酸（mg/g）	2.11
Zn（mg/kg）	75.98	异亮氨酸（mg/g）	5.09	丝氨酸（mg/g）	6.83
Fe（mg/kg）	169.51	苯丙氨酸（mg/g）	8.63	谷氨酸（mg/g）	37.22
P（mg/kg）	9097.29	甲硫氨酸（mg/g）	1.03	天冬氨酸（mg/g）	11.93
Se（mg/kg）	0.848	缬氨酸（mg/g）	2.52	γ-氨基丁酸（mg/g）	5.134
VB$_1$（mg/kg）	447.44	胱氨酸（mg/g）	9.04	β-葡聚糖（mg/g）	15.40
VB$_2$（mg/kg）	275.83	酪氨酸（mg/g）	4.55		

五、DNA指纹条形码

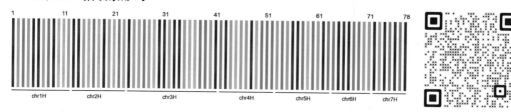

六、附图

田间整体图片

田间穗部图片

籽粒图片

穗部图片

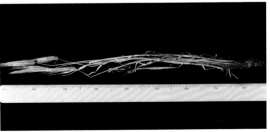

成熟期整株图片

BJX099

一、原产地：西藏亚东

二、国家统一编号：ZDM06622

三、形态特征及生物学特性

幼苗叶片、叶耳均为绿色。株高82.0cm，紧凑株型，第二茎秆直径3.99mm。全生育期为97d，单株穗数为10.7穗，穗姿直立、六棱，穗和芒色为黑色，穗长5.0cm，每穗54.7粒。短芒、光芒，裸粒，粒呈黄色、椭圆形，千粒重为38.66g。

四、品质检测结果

项目	数值	项目	数值	项目	数值
蛋白质（%）	8.09	VB$_6$（mg/kg）	53.08	丙氨酸（mg/g）	1.98
淀粉（%）	66.46	VE（mg/kg）	264.28	精氨酸（mg/g）	2.19
纤维素（%）	22.93	脯氨酸（mg/g）	3.11	苏氨酸（mg/g）	1.73
木质素（%）	11.83	赖氨酸（mg/g）	2.07	甘氨酸（mg/g）	2.08
Ca（mg/kg）	725.88	亮氨酸（mg/g）	3.27	组氨酸（mg/g）	0.22
Zn（mg/kg）	28.89	异亮氨酸（mg/g）	1.99	丝氨酸（mg/g）	1.72
Fe（mg/kg）	256.28	苯丙氨酸（mg/g）	2.79	谷氨酸（mg/g）	11.20
P（mg/kg）	3 404.52	甲硫氨酸（mg/g）	0.25	天冬氨酸（mg/g）	2.50
Se（mg/kg）	0.589	缬氨酸（mg/g）	0.07	γ-氨基丁酸（mg/g）	1.979
VB$_1$（mg/kg）	722.49	胱氨酸（mg/g）	0.81	β-葡聚糖（mg/g）	18.90
VB$_2$（mg/kg）	242.54	酪氨酸（mg/g）	1.25		

五、DNA指纹条形码

六、附图

田间整体图片

田间穗部图片

籽粒图片

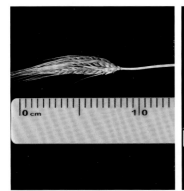

穗部图片

成熟期整株图片

BJX0100

一、原产地：西藏亚东

二、国家统一编号：ZDM06623

三、形态特征及生物学特性

幼苗叶片、叶耳均为绿色。株高81.0cm，紧凑株型，第二茎秆直径4.23mm。全生育期为97d，单株穗数为13.5穗，穗姿直立、六棱，穗和芒色为黑色，穗长8.5cm，每穗64.0粒。短芒、光芒，裸粒，粒呈褐色、椭圆形，千粒重为36.5g。

四、品质检测结果

项目	数值	项目	数值	项目	数值
蛋白质（%）	10.69	VB$_6$（mg/kg）	67.01	丙氨酸（mg/g）	3.92
淀粉（%）	65.67	VE（mg/kg）	333.84	精氨酸（mg/g）	4.82
纤维素（%）	17.43	脯氨酸（mg/g）	10.20	苏氨酸（mg/g）	3.25
木质素（%）	12.83	赖氨酸（mg/g）	3.58	甘氨酸（mg/g）	2.79
Ca（mg/kg）	775.52	亮氨酸（mg/g）	6.56	组氨酸（mg/g）	0.35
Zn（mg/kg）	36.56	异亮氨酸（mg/g）	3.16	丝氨酸（mg/g）	3.97
Fe（mg/kg）	120.95	苯丙氨酸（mg/g）	4.80	谷氨酸（mg/g）	25.36
P（mg/kg）	3 542.69	甲硫氨酸（mg/g）	0.26	天冬氨酸（mg/g）	4.27
Se（mg/kg）	0.464	缬氨酸（mg/g）	1.17	γ-氨基丁酸（mg/g）	3.395
VB$_1$（mg/kg）	666.28	胱氨酸（mg/g）	4.60	β-葡聚糖（mg/g）	27.89
VB$_2$（mg/kg）	427.70	酪氨酸（mg/g）	3.18		

五、DNA指纹条形码

六、附图

田间整体图片

田间穗部图片

籽粒图片

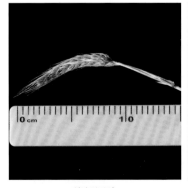

穗部图片

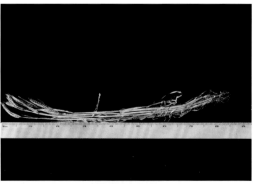

成熟期整株图片

BJX101

一、原产地：西藏亚东

二、国家统一编号：ZDM06624

三、形态特征及生物学特性

幼苗叶片、叶耳均为绿色。株高99.7cm，紧凑株型，第二茎秆直径2.14mm。全生育期为98d，单株穗数为7.0穗，穗姿直立、六棱，穗和芒色为黑色，穗长7.0cm，每穗60.0粒。短芒、光芒，裸粒，粒呈褐色、椭圆形，千粒重为45.06g。

四、品质检测结果

项目	数值	项目	数值	项目	数值
蛋白质（%）	12.12	VB_6（mg/kg）	53.80	丙氨酸（mg/g）	2.89
淀粉（%）	67.55	VE（mg/kg）	244.83	精氨酸（mg/g）	3.09
纤维素（%）	21.06	脯氨酸（mg/g）	6.15	苏氨酸（mg/g）	2.61
木质素（%）	13.03	赖氨酸（mg/g）	2.92	甘氨酸（mg/g）	3.02
Ca（mg/kg）	998.18	亮氨酸（mg/g）	4.49	组氨酸（mg/g）	0.31
Zn（mg/kg）	43.57	异亮氨酸（mg/g）	1.59	丝氨酸（mg/g）	2.73
Fe（mg/kg）	116.96	苯丙氨酸（mg/g）	2.43	谷氨酸（mg/g）	16.17
P（mg/kg）	5897.30	甲硫氨酸（mg/g）	2.42	天冬氨酸（mg/g）	4.42
Se（mg/kg）	1.758	缬氨酸（mg/g）	0.16	γ-氨基丁酸（mg/g）	3.751
VB_1（mg/kg）	704.15	胱氨酸（mg/g）	2.17	β-葡聚糖（mg/g）	29.91
VB_2（mg/kg）	268.41	酪氨酸（mg/g）	2.25		

五、DNA指纹条形码

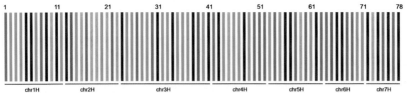 

六、附图

田间整体图片

田间穗部图片

籽粒图片

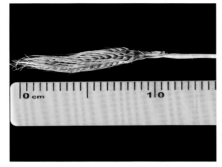
穗部图片

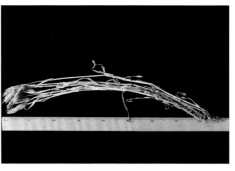
成熟期整株图片

BJX102

一、原产地：西藏亚东

二、国家统一编号：ZDM06625

三、形态特征及生物学特性

幼苗叶片、叶耳均为绿色。株高99.3cm，紧凑株型，第二茎秆直径3.62mm。全生育期为110d，单株穗数为6.0穗，穗姿直立、六棱，穗和芒色为黑黄色，穗长6.7cm，每穗66.7粒。长芒、光芒，裸粒，粒呈褐色、椭圆形，千粒重为39.74g。

四、品质检测结果

项目	数值	项目	数值	项目	数值
蛋白质（%）	12.78	VB_6（mg/kg）	55.09	丙氨酸（mg/g）	2.13
淀粉（%）	68.74	VE（mg/kg）	280.67	精氨酸（mg/g）	2.25
纤维素（%）	23.59	脯氨酸（mg/g）	6.75	苏氨酸（mg/g）	1.91
木质素（%）	14.12	赖氨酸（mg/g）	2.65	甘氨酸（mg/g）	2.34
Ca（mg/kg）	931.03	亮氨酸（mg/g）	3.69	组氨酸（mg/g）	0.17
Zn（mg/kg）	32.71	异亮氨酸（mg/g）	1.82	丝氨酸（mg/g）	2.23
Fe（mg/kg）	87.47	苯丙氨酸（mg/g）	2.56	谷氨酸（mg/g）	15.47
P（mg/kg）	4378.80	甲硫氨酸（mg/g）	0.28	天冬氨酸（mg/g）	3.37
Se（mg/kg）	3.821	缬氨酸（mg/g）	0.05	γ-氨基丁酸（mg/g）	3.004
VB_1（mg/kg）	852.77	胱氨酸（mg/g）	1.57	β-葡聚糖（mg/g）	24.95
VB_2（mg/kg）	315.69	酪氨酸（mg/g）	1.62		

五、DNA指纹条形码

六、附图

田间整体图片

田间穗部图片

籽粒图片

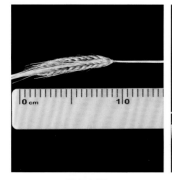

穗部图片

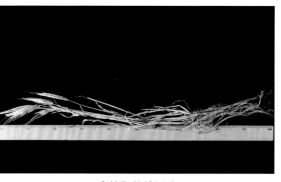

成熟期整株图片

BJX137

一、原产地：西藏亚东

二、国家统一编号：ZDM06963

三、形态特征及生物学特性

　　幼苗叶片、叶耳均为绿色。株高101.7cm，紧凑株型，第二茎秆直径2.81mm。全生育期为103d，单株穗数为9.0穗，穗姿下垂、六棱，穗和芒色为褐色，穗长5.3cm，每穗58.0粒。长芒、光芒，裸粒，粒呈紫色、椭圆形，千粒重为36.56g。

四、品质检测结果

项目	数值	项目	数值	项目	数值
蛋白质（%）	15.33	VB$_6$（mg/kg）		丙氨酸（mg/g）	5.68
淀粉（%）	63.50	VE（mg/kg）		精氨酸（mg/g）	7.05
纤维素（%）	—	脯氨酸（mg/g）		苏氨酸（mg/g）	5.03
木质素（%）	—	赖氨酸（mg/g）		甘氨酸（mg/g）	5.79
Ca（mg/kg）	1 121.16	亮氨酸（mg/g）		组氨酸（mg/g）	1.91
Zn（mg/kg）	55.41	异亮氨酸（mg/g）		丝氨酸（mg/g）	6.46
Fe（mg/kg）	109.23	苯丙氨酸（mg/g）		谷氨酸（mg/g）	37.55
P（mg/kg）	5 352.60	甲硫氨酸（mg/g）		天冬氨酸（mg/g）	6.62
Se（mg/kg）	0.25	缬氨酸（mg/g）		γ-氨基丁酸（mg/g）	3.00
VB$_1$（mg/kg）	770.95	胱氨酸（mg/g）		β-葡聚糖（mg/g）	22.76
VB$_2$（mg/kg）	162.88	酪氨酸（mg/g）			

五、DNA指纹条形码

六、附图

田间整体图片

田间穗部图片

籽粒图片

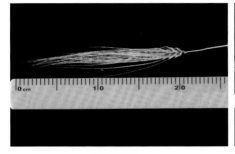

穗部图片

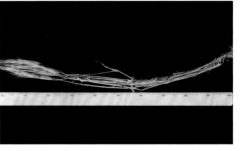

成熟期整株图片

BJX0145

一、原产地：西藏亚东

二、国家统一编号：ZDM07088

三、形态特征及生物学特性

幼苗叶片、叶耳均为绿色。株高106.2cm，紧凑株型，第二茎秆直径4.18mm。全生育期为124d，单株穗数为5.8穗，穗姿下垂、六棱，穗和芒色为紫色，穗长8.0cm，每穗68.6粒。长芒、光芒，裸粒，粒呈紫色、椭圆形，千粒重为37.76g。

四、品质检测结果

项目	数值	项目	数值	项目	数值
蛋白质（%）	11.59	VB$_6$（mg/kg）	49.61	丙氨酸（mg/g）	4.19
淀粉（%）	63.69	VE（mg/kg）	226.39	精氨酸（mg/g）	4.55
纤维素（%）	16.81	脯氨酸（mg/g）	7.41	苏氨酸（mg/g）	3.51
木质素（%）	14.11	赖氨酸（mg/g）	4.18	甘氨酸（mg/g）	4.29
Ca（mg/kg）	903.80	亮氨酸（mg/g）	6.77	组氨酸（mg/g）	0.57
Zn（mg/kg）	37.97	异亮氨酸（mg/g）	3.40	丝氨酸（mg/g）	4.63
Fe（mg/kg）	124.42	苯丙氨酸（mg/g）	5.15	谷氨酸（mg/g）	22.04
P（mg/kg）	4268.86	甲硫氨酸（mg/g）	0.27	天冬氨酸（mg/g）	5.43
Se（mg/kg）	0.105	缬氨酸（mg/g）	0.23	γ-氨基丁酸（mg/g）	3.644
VB$_1$（mg/kg）	714.04	胱氨酸（mg/g）	4.87	β-葡聚糖（mg/g）	22.97
VB$_2$（mg/kg）	214.86	酪氨酸（mg/g）	3.02		

五、DNA指纹条形码

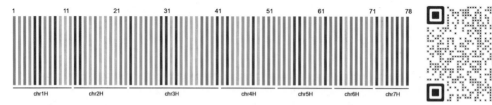

六、附图

田间整体图片

田间穗部图片

籽粒图片

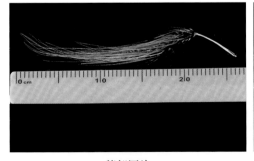

穗部图片

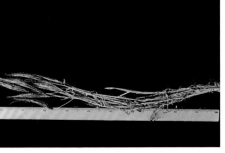

成熟期整株图片

BJX0146

一、原产地：西藏亚东

二、国家统一编号：ZDM07089

三、形态特征及生物学特性

幼苗叶片、叶耳均为绿色。株高102.5cm，紧凑株型，第二茎秆直径4.15mm。全生育期为129d，单株穗数为7.0穗，穗姿下垂、六棱，穗和芒色为紫色，穗长8.0cm，每穗72.0粒。长芒、光芒，裸粒，粒呈紫色、椭圆形，千粒重为40.37g。

四、品质检测结果

项目	数值	项目	数值	项目	数值
蛋白质（%）	13.79	VB$_6$（mg/kg）	51.65	丙氨酸（mg/g）	4.87
淀粉（%）	69.71	VE（mg/kg）	258.78	精氨酸（mg/g）	5.97
纤维素（%）	21.33	脯氨酸（mg/g）	10.11	苏氨酸（mg/g）	4.34
木质素（%）	17.11	赖氨酸（mg/g）	5.10	甘氨酸（mg/g）	4.92
Ca（mg/kg）	958.89	亮氨酸（mg/g）	8.39	组氨酸（mg/g）	1.30
Zn（mg/kg）	37.02	异亮氨酸（mg/g）	4.13	丝氨酸（mg/g）	5.34
Fe（mg/kg）	111.54	苯丙氨酸（mg/g）	5.96	谷氨酸（mg/g）	27.45
P（mg/kg）	4024.04	甲硫氨酸（mg/g）	0.26	天冬氨酸（mg/g）	7.33
Se（mg/kg）	0.063	缬氨酸（mg/g）	1.01	γ-氨基丁酸（mg/g）	4.344
VB$_1$（mg/kg）	641.43	胱氨酸（mg/g）	6.63	β-葡聚糖（mg/g）	17.94
VB$_2$（mg/kg）	151.75	酪氨酸（mg/g）	3.61		

五、DNA指纹条形码

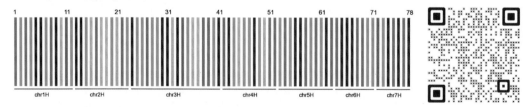

六、附图

田间整体图片

田间穗部图片

籽粒图片

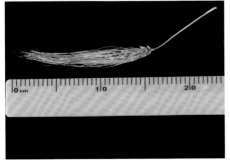

穗部图片

成熟期整株图片

BJX0156

一、原产地：西藏亚东

二、国家统一编号：ZDM07314

三、形态特征及生物学特性

幼苗叶片、叶耳均为绿色。株高105.7cm，紧凑株型，第二茎秆直径2.34mm。全生育期为98d，单株穗数为9.7穗，穗姿下垂、六棱，穗和芒色为紫色，穗长6.7cm，每穗53.3粒。长芒、光芒，裸粒，粒呈褐色、椭圆形，千粒重为38.30g。

四、品质检测结果

项目	数值	项目	数值	项目	数值
蛋白质（%）	16.05	VB_6（mg/kg）	47.30	丙氨酸（mg/g）	5.35
淀粉（%）	68.64	VE（mg/kg）	264.41	精氨酸（mg/g）	6.73
纤维素（%）	21.24	脯氨酸（mg/g）	9.81	苏氨酸（mg/g）	4.94
木质素（%）	10.67	赖氨酸（mg/g）	4.87	甘氨酸（mg/g）	5.51
Ca（mg/kg）	1 084.21	亮氨酸（mg/g）	8.65	组氨酸（mg/g）	0.23
Zn（mg/kg）	60.64	异亮氨酸（mg/g）	4.41	丝氨酸（mg/g）	5.59
Fe（mg/kg）	121.97	苯丙氨酸（mg/g）	6.90	谷氨酸（mg/g）	32.71
P（mg/kg）	5 691.08	甲硫氨酸（mg/g）	0.29	天冬氨酸（mg/g）	6.92
Se（mg/kg）	0.344	缬氨酸（mg/g）	0.07	γ-氨基丁酸（mg/g）	5.482
VB_1（mg/kg）	550.72	胱氨酸（mg/g）	6.79	β-葡聚糖（mg/g）	25.94
VB_2（mg/kg）	256.89	酪氨酸（mg/g）	3.79		

五、DNA指纹条形码

六、附图

田间整体图片

田间穗部图片

籽粒图片

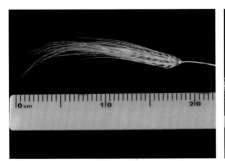

穗部图片

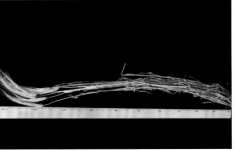

成熟期整株图片

BJX0167

一、原产地：西藏亚东

二、国家统一编号：ZDM07448

三、形态特征及生物学特性

幼苗叶片、叶耳均为绿色。株高103.0cm，紧凑株型，第二茎秆直径4.13mm。全生育期为98d，单株穗数为6.7穗，穗姿下垂、六棱，穗和芒色为黄色，穗长7.0cm，每穗52.7粒。长芒、光芒，裸粒，粒呈褐色、椭圆形，千粒重为43.00g。

四、品质检测结果

项目	数值	项目	数值	项目	数值
蛋白质（%）	15.76	VB$_6$（mg/kg）	55.79	丙氨酸（mg/g）	4.74
淀粉（%）	68.38	VE（mg/kg）	266.94	精氨酸（mg/g）	5.32
纤维素（%）	20.45	脯氨酸（mg/g）	7.74	苏氨酸（mg/g）	3.92
木质素（%）	10.43	赖氨酸（mg/g）	4.39	甘氨酸（mg/g）	4.67
Ca（mg/kg）	1 014.00	亮氨酸（mg/g）	8.02	组氨酸（mg/g）	0.09
Zn（mg/kg）	45.15	异亮氨酸（mg/g）	4.02	丝氨酸（mg/g）	5.09
Fe（mg/kg）	144.86	苯丙氨酸（mg/g）	5.98	谷氨酸（mg/g）	30.12
P（mg/kg）	5 415.26	甲硫氨酸（mg/g）	0.26	天冬氨酸（mg/g）	6.05
Se（mg/kg）	0.255	缬氨酸（mg/g）	0.07	γ-氨基丁酸（mg/g）	3.580
VB$_1$（mg/kg）	680.72	胱氨酸（mg/g）	6.15	β-葡聚糖（mg/g）	27.49
VB$_2$（mg/kg）	232.97	酪氨酸（mg/g）	3.47		

五、DNA指纹条形码

六、附图

田间整体图片

田间穗部图片

籽粒图片

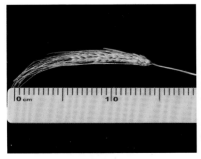

穗部图片

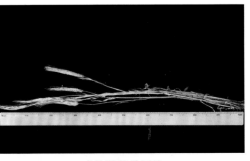

成熟期整株图片

BJX204

一、原产地：西藏亚东

二、国家统一编号：ZDM07572

三、形态特征及生物学特性

幼苗叶片、叶耳均为绿色。株高78.2cm，松散株型，第二茎秆直径4.40mm。全生育期为97d，单株穗数为6.4穗，穗姿下垂、六棱，穗和芒色为黄色，穗长5.4cm，每穗55.6粒。长芒、光芒，裸粒，粒呈褐色、椭圆形，千粒重为40.13g。

四、品质检测结果

项目	数值	项目	数值	项目	数值
蛋白质（%）	13.26	VB_6（mg/kg）	59.98	丙氨酸（mg/g）	3.97
淀粉（%）	65.49	VE（mg/kg）	286.21	精氨酸（mg/g）	4.75
纤维素（%）	15.34	脯氨酸（mg/g）	3.25	苏氨酸（mg/g）	4.08
木质素（%）	6.30	赖氨酸（mg/g）	2.59	甘氨酸（mg/g）	4.35
Ca（mg/kg）	1 115.88	亮氨酸（mg/g）	7.26	组氨酸（mg/g）	0.53
Zn（mg/kg）	41.42	异亮氨酸（mg/g）	3.78	丝氨酸（mg/g）	4.43
Fe（mg/kg）	121.30	苯丙氨酸（mg/g）	5.68	谷氨酸（mg/g）	26.44
P（mg/kg）	4201.18	甲硫氨酸（mg/g）	0.30	天冬氨酸（mg/g）	5.15
Se（mg/kg）	0.852	缬氨酸（mg/g）	0.56	γ-氨基丁酸（mg/g）	3.066
VB_1（mg/kg）	831.02	胱氨酸（mg/g）	4.61	β-葡聚糖（mg/g）	18.49
VB_2（mg/kg）	250.25	酪氨酸（mg/g）	3.55		

五、DNA指纹条形码

六、附图

田间整体图片

田间穗部图片

籽粒图片

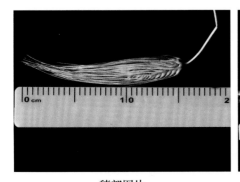

穗部图片

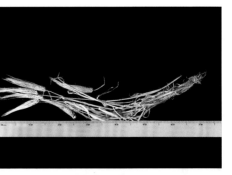

成熟期整株图片

BJX222

一、原产地： 西藏亚东

二、国家统一编号： ZDM07678

三、形态特征及生物学特性

幼苗叶片、叶耳均为绿色。株高103.3cm，紧凑株型，第二茎秆直径4.17mm。全生育期为98d，单株穗数为8.3穗，穗姿下垂、六棱，穗和芒色为紫色、黑色，穗长7.7cm，每穗59.3粒。长芒、光芒，裸粒，粒呈紫色、椭圆形，千粒重为46.82g。

四、品质检测结果

项目	数值	项目	数值	项目	数值
蛋白质（%）	15.76	VB$_6$（mg/kg）	65.42	丙氨酸（mg/g）	5.66
淀粉（%）	69.57	VE（mg/kg）	295.68	精氨酸（mg/g）	6.79
纤维素（%）	26.18	脯氨酸（mg/g）	4.29	苏氨酸（mg/g）	5.43
木质素（%）	10.98	赖氨酸（mg/g）	3.50	甘氨酸（mg/g）	5.73
Ca（mg/kg）	1 062.74	亮氨酸（mg/g）	8.95	组氨酸（mg/g）	0.71
Zn（mg/kg）	45.50	异亮氨酸（mg/g）	4.82	丝氨酸（mg/g）	5.46
Fe（mg/kg）	107.28	苯丙氨酸（mg/g）	6.58	谷氨酸（mg/g）	32.78
P（mg/kg）	5 368.77	甲硫氨酸（mg/g）	0.39	天冬氨酸（mg/g）	5.87
Se（mg/kg）	0.947	缬氨酸（mg/g）	0.85	γ-氨基丁酸（mg/g）	4.786
VB$_1$（mg/kg）	876.12	胱氨酸（mg/g）	7.74	β-葡聚糖（mg/g）	28.61
VB$_2$（mg/kg）	144.41	酪氨酸（mg/g）	4.24		

五、DNA指纹条形码

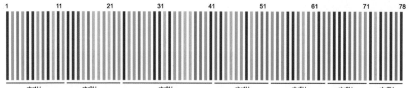

六、附图

田间整体图片

田间穗部图片

籽粒图片

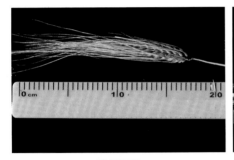

穗部图片

成熟期整株图片

日喀则市康马县青稞资源简介

BJX006

一、采集地点：西藏康马

二、国家统一编号：ZDM04422

三、形态特征及生物学特性

　　幼苗叶片、叶耳均为绿色。株高88.0cm，松散株型，第二茎秆直径3.44mm。全生育期为98d，单株穗数为6.0穗，穗姿下垂、六棱，穗和芒色为黄色，穗长4.0cm，每穗16.0粒。长芒、光芒，裸粒，粒呈黄色、长圆形，千粒重为33.40g。

四、品质检测结果

项目	数值	项目	数值	项目	数值
蛋白质（%）	18.44	VB$_6$（mg/kg）	50.37	丙氨酸（mg/g）	7.16
淀粉（%）	48.77	VE（mg/kg）	266.54	精氨酸（mg/g）	9.00
纤维素（%）	14.87	脯氨酸（mg/g）	14.04	苏氨酸（mg/g）	5.87
木质素（%）	11.96	赖氨酸（mg/g）	1.90	甘氨酸（mg/g）	6.73
Ca（mg/kg）	1243.00	亮氨酸（mg/g）	10.68	组氨酸（mg/g）	2.08
Zn（mg/kg）	66.36	异亮氨酸（mg/g）	5.25	丝氨酸（mg/g）	6.76
Fe（mg/kg）	166.75	苯丙氨酸（mg/g）	9.53	谷氨酸（mg/g）	41.96
P（mg/kg）	6551.64	甲硫氨酸（mg/g）	2.59	天冬氨酸（mg/g）	10.36
Se（mg/kg）	1.593	缬氨酸（mg/g）	2.21	γ-氨基丁酸（mg/g）	4.003
VB$_1$（mg/kg）	420.41	胱氨酸（mg/g）	8.88	β-葡聚糖（mg/g）	12.94
VB$_2$（mg/kg）	239.99	酪氨酸（mg/g）	4.44		

五、DNA指纹条形码

六、附图

田间整体图片

田间穗部图片

籽粒图片

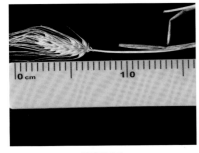

穗部图片

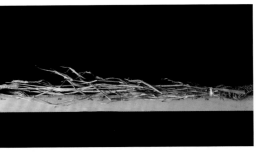

成熟期整株图片

BJX007

一、原产地：西藏康马

二、国家统一编号：ZDM04423

三、形态特征及生物学特性

幼苗叶片、叶耳均为绿色。株高95.5cm，松散株型，第二茎秆直径3.59mm。全生育期为98d，单株穗数为9.0穗，穗姿直立、六棱，穗和芒色为紫色，穗长5.8cm，每穗38.3粒。长芒、光芒，裸粒，粒呈紫色、椭圆形，千粒重为37.73g。

四、品质检测结果

项目	数值	项目	数值	项目	数值
蛋白质（%）	19.38	VB$_6$（mg/kg）	47.18	丙氨酸（mg/g）	7.67
淀粉（%）	44.80	VE（mg/kg）	303.18	精氨酸（mg/g）	9.30
纤维素（%）	13.56	脯氨酸（mg/g）	17.68	苏氨酸（mg/g）	5.76
木质素（%）	11.59	赖氨酸（mg/g）	2.46	甘氨酸（mg/g）	7.21
Ca（mg/kg）	1 678.42	亮氨酸（mg/g）	10.17	组氨酸（mg/g）	2.48
Zn（mg/kg）	75.60	异亮氨酸（mg/g）	5.15	丝氨酸（mg/g）	6.53
Fe（mg/kg）	232.62	苯丙氨酸（mg/g）	8.27	谷氨酸（mg/g）	36.57
P（mg/kg）	6 745.26	甲硫氨酸（mg/g）	1.98	天冬氨酸（mg/g）	11.27
Se（mg/kg）	4.18	缬氨酸（mg/g）	2.16	γ - 氨基丁酸（mg/g）	5.30
VB$_1$（mg/kg）	622.90	胱氨酸（mg/g）	9.01	β - 葡聚糖（mg/g）	10.59
VB$_2$（mg/kg）	369.21	酪氨酸（mg/g）	4.40		

五、附图

田间整体图片

田间穗部图片

籽粒图片

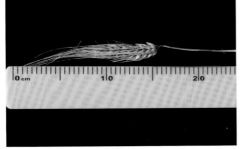

穗部图片

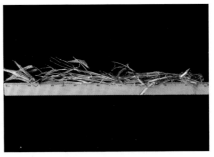

成熟期整株图片

BJX008

一、原产地：西藏康马

二、国家统一编号：ZDM04424

三、形态特征及生物学特性

幼苗叶片、叶耳均为绿色。株高109.3cm，紧凑株型，第二茎秆直径2.37mm。全生育期为102d，单株穗数为7.0穗，穗姿下垂、六棱，穗和芒色为黄色，穗长7.0cm，每穗55.7粒。长芒、光芒，裸粒，粒呈褐色、长圆形，千粒重为51.81g。

四、品质检测结果

项目	数值	项目	数值	项目	数值
蛋白质（%）	19.58	VB$_6$（mg/kg）	54.72	丙氨酸（mg/g）	8.05
淀粉（%）	35.88	VE（mg/kg）	270.89	精氨酸（mg/g）	10.57
纤维素（%）	18.85	脯氨酸（mg/g）	16.89	苏氨酸（mg/g）	6.14
木质素（%）	10.44	赖氨酸（mg/g）	2.37	甘氨酸（mg/g）	8.13
Ca（mg/kg）	1394.41	亮氨酸（mg/g）	10.64	组氨酸（mg/g）	2.09
Zn（mg/kg）	85.08	异亮氨酸（mg/g）	5.33	丝氨酸（mg/g）	6.89
Fe（mg/kg）	192.21	苯丙氨酸（mg/g）	8.44	谷氨酸（mg/g）	36.96
P（mg/kg）	9251.67	甲硫氨酸（mg/g）	2.16	天冬氨酸（mg/g）	11.68
Se（mg/kg）	1.048	缬氨酸（mg/g）	2.58	γ-氨基丁酸（mg/g）	7.807
VB$_1$（mg/kg）	763.12	胱氨酸（mg/g）	10.11	β-葡聚糖（mg/g）	15.19
VB$_2$（mg/kg）	339.46	酪氨酸（mg/g）	4.59		

五、DNA指纹条形码

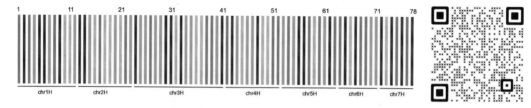

六、附图

田间整体图片

田间穗部图片

籽粒图片

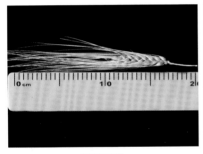

穗部图片

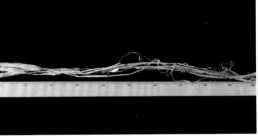

成熟期整株图片

BJX009

一、原产地：西藏康马

二、国家统一编号：ZDM04425

三、形态特征及生物学特性

幼苗叶片、叶耳均为绿色。株高84.3cm，紧凑株型，第二茎秆直径3.67mm。全生育期为101d，单株穗数为6.7穗，穗姿下垂、六棱，穗和芒色为黄色，穗长5.3cm，每穗51.7粒。长芒、光芒，裸粒，粒呈褐色、椭圆形，千粒重为42.49g。

四、品质检测结果

项目	数值	项目	数值	项目	数值
蛋白质（%）	16.35	VB$_6$（mg/kg）	30.61	丙氨酸（mg/g）	5.22
淀粉（%）	44.81	VE（mg/kg）	202.92	精氨酸（mg/g）	6.91
纤维素（%）	11.21	脯氨酸（mg/g）	15.99	苏氨酸（mg/g）	4.36
木质素（%）	10.96	赖氨酸（mg/g）	2.55	甘氨酸（mg/g）	5.54
Ca（mg/kg）	1258.34	亮氨酸（mg/g）	7.99	组氨酸（mg/g）	1.42
Zn（mg/kg）	56.44	异亮氨酸（mg/g）	0.52	丝氨酸（mg/g）	0.74
Fe（mg/kg）	143.92	苯丙氨酸（mg/g）	7.87	谷氨酸（mg/g）	4.27
P（mg/kg）	7396.10	甲硫氨酸（mg/g）	0.38	天冬氨酸（mg/g）	8.50
Se（mg/kg）	1.260	缬氨酸（mg/g）	1.65	γ-氨基丁酸（mg/g）	4.859
VB$_1$（mg/kg）	450.99	胱氨酸（mg/g）	7.09	β-葡聚糖（mg/g）	21.36
VB$_2$（mg/kg）	185.78	酪氨酸（mg/g）	3.31		

五、DNA指纹条形码

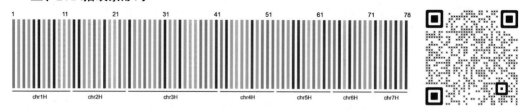

chr1H   chr2H   chr3H   chr4H   chr5H   chr6H   chr7H

六、附图

田间整体图片

田间穗部图片

籽粒图片

穗部图片

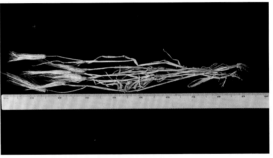

成熟期整株图片

BJX010

一、原产地：西藏康马

二、国家统一编号：ZDM04426

三、形态特征及生物学特性

幼苗叶片、叶耳均为绿色。株高103.3cm，中等株型，第二茎秆直径3.84mm。全生育期为100d，单株穗数为7.0穗，穗姿下垂、六棱，穗和芒色为黄色，穗长8.0cm，每穗59.3粒。长芒、光芒，裸粒，粒呈黄色、长圆形，千粒重为44.65g。

四、品质检测结果

项目	数值	项目	数值	项目	数值
蛋白质（%）	18.30	VB$_6$（mg/kg）	53.63	丙氨酸（mg/g）	5.83
淀粉（%）	45.50	VE（mg/kg）	223.56	精氨酸（mg/g）	7.03
纤维素（%）	13.22	脯氨酸（mg/g）	16.14	苏氨酸（mg/g）	4.46
木质素（%）	10.67	赖氨酸（mg/g）	2.63	甘氨酸（mg/g）	5.82
Ca（mg/kg）	1244.81	亮氨酸（mg/g）	8.68	组氨酸（mg/g）	1.55
Zn（mg/kg）	68.18	异亮氨酸（mg/g）	4.37	丝氨酸（mg/g）	5.27
Fe（mg/kg）	132.16	苯丙氨酸（mg/g）	7.01	谷氨酸（mg/g）	33.27
P（mg/kg）	7275.20	甲硫氨酸（mg/g）	1.50	天冬氨酸（mg/g）	8.57
Se（mg/kg）	1.170	缬氨酸（mg/g）	1.88	γ-氨基丁酸（mg/g）	4.262
VB$_1$（mg/kg）	462.01	胱氨酸（mg/g）	7.33	β-葡聚糖（mg/g）	20.03
VB$_2$（mg/kg）	296.78	酪氨酸（mg/g）	3.86		

五、DNA指纹条形码

六、附图

田间整体图片

田间穗部图片

籽粒图片

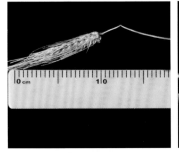

穗部图片

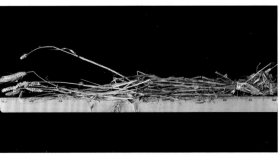

成熟期整株图片

BJX011

一、原产地：西藏康马

二、国家统一编号：ZDM04427

三、形态特征及生物学特性

幼苗叶片、叶耳均为绿色。株高102.6cm，紧凑株型，第二茎秆直径4.17mm。全生育期为104d，单株穗数为4.8穗，穗姿下垂、六棱，穗和芒色为黄色，穗长8.0cm，每穗64.6粒。长芒、光芒，裸粒，粒呈黄色、椭圆形，千粒重为46.85g。

四、品质检测结果

项目	数值	项目	数值	项目	数值
蛋白质（%）	16.52	VB_6（mg/kg）	51.59	丙氨酸（mg/g）	5.94
淀粉（%）	45.76	VE（mg/kg）	262.37	精氨酸（mg/g）	7.36
纤维素（%）	13.17	脯氨酸（mg/g）	14.74	苏氨酸（mg/g）	4.00
木质素（%）	13.86	赖氨酸（mg/g）	2.56	甘氨酸（mg/g）	5.68
Ca（mg/kg）	1244.77	亮氨酸（mg/g）	8.09	组氨酸（mg/g）	1.69
Zn（mg/kg）	66.67	异亮氨酸（mg/g）	3.94	丝氨酸（mg/g）	5.06
Fe（mg/kg）	108.27	苯丙氨酸（mg/g）	6.27	谷氨酸（mg/g）	29.49
P（mg/kg）	7712.90	甲硫氨酸（mg/g）	1.18	天冬氨酸（mg/g）	8.38
Se（mg/kg）	0.758	缬氨酸（mg/g）	1.85	γ-氨基丁酸（mg/g）	3.912
VB_1（mg/kg）	587.85	胱氨酸（mg/g）	6.97	β-葡聚糖（mg/g）	20.75
VB_2（mg/kg）	248.09	酪氨酸（mg/g）	3.29		

五、DNA指纹条形码

六、附图

田间整体图片

田间穗部图片

籽粒图片

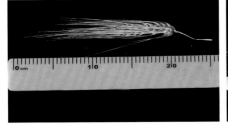

穗部图片

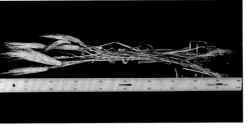

成熟期整株图片

BJX012

一、原产地：西藏康马

二、国家统一编号：ZDM04428

三、形态特征及生物学特性

幼苗叶片、叶耳均为绿色。株高94.8cm，中等株型，第二茎秆直径3.61mm。全生育期为103d，单株穗数为3.6穗，穗姿下垂、六棱，穗和芒色为黄色，穗长5.6cm，每穗57.6粒。长芒、光芒，裸粒，粒呈黄色、椭圆形，千粒重为51.70g。

四、品质检测结果

项目	数值	项目	数值	项目	数值
蛋白质（%）	17.34	VB$_6$（mg/kg）	58.23	丙氨酸（mg/g）	6.57
淀粉（%）	45.54	VE（mg/kg）	317.61	精氨酸（mg/g）	8.28
纤维素（%）	10.40	脯氨酸（mg/g）	18.55	苏氨酸（mg/g）	4.72
木质素（%）	11.07	赖氨酸（mg/g）	3.31	甘氨酸（mg/g）	6.44
Ca（mg/kg）	1057.62	亮氨酸（mg/g）	9.16	组氨酸（mg/g）	2.08
Zn（mg/kg）	62.86	异亮氨酸（mg/g）	4.55	丝氨酸（mg/g）	5.72
Fe（mg/kg）	150.00	苯丙氨酸（mg/g）	7.32	谷氨酸（mg/g）	34.02
P（mg/kg）	7547.62	甲硫氨酸（mg/g）	1.58	天冬氨酸（mg/g）	9.03
Se（mg/kg）	0.548	缬氨酸（mg/g）	1.86	γ - 氨基丁酸（mg/g）	4.041
VB$_1$（mg/kg）	594.72	胱氨酸（mg/g）	7.81	β - 葡聚糖（mg/g）	19.25
VB$_2$（mg/kg）	241.06	酪氨酸（mg/g）	3.63		

五、DNA指纹条形码

六、附图

田间整体图片

田间穗部图片

籽粒图片

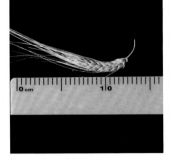

穗部图片

成熟期整株图片

BJX021

一、原产地：西藏康马

二、国家统一编号：ZDM04881

三、形态特征及生物学特性

幼苗叶片、叶耳均为绿色。株高97.6cm，紧凑株型，第二茎秆直径3.75mm。全生育期为97d，单株穗数为9.6穗，穗姿直立、六棱，穗和芒色为黄色，穗长8.8cm，每穗72.4粒。长芒、光芒，裸粒，粒呈黄色、椭圆形，千粒重为42.54g。

四、品质检测结果

项目	数值	项目	数值	项目	数值
蛋白质（%）	13.03	VB$_6$（mg/kg）	45.93	丙氨酸（mg/g）	3.81
淀粉（%）	60.40	VE（mg/kg）	211.02	精氨酸（mg/g）	4.59
纤维素（%）	10.65	脯氨酸（mg/g）	11.68	苏氨酸（mg/g）	2.96
木质素（%）	12.54%	赖氨酸（mg/g）	2.54	甘氨酸（mg/g）	4.03
Ca（mg/kg）	997.38	亮氨酸（mg/g）	5.63	组氨酸（mg/g）	0.84
Zn（mg/kg）	47.17	异亮氨酸（mg/g）	2.87	丝氨酸（mg/g）	3.41
Fe（mg/kg）	152.78	苯丙氨酸（mg/g）	4.51	谷氨酸（mg/g）	23.55
P（mg/kg）	5 039.31	甲硫氨酸（mg/g）	0.76	天冬氨酸（mg/g）	5.79
Se（mg/kg）	1.048	缬氨酸（mg/g）	1.36	γ-氨基丁酸（mg/g）	3.567
VB$_1$（mg/kg）	492.26	胱氨酸（mg/g）	4.35	β-葡聚糖（mg/g）	19.45
VB$_2$（mg/kg）	256.37	酪氨酸（mg/g）	2.29		

五、DNA指纹条形码

六、附图

田间整体图片

田间穗部图片

籽粒图片

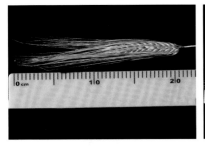

穗部图片

成熟期整株图片

BJX022

一、原产地：西藏康马

二、国家统一编号：ZDM04882

三、形态特征及生物学特性

幼苗叶片、叶耳均为绿色。株高117.0cm，中等株型，第二茎秆直径4.35mm。全生育期为129d，单株穗数为6.0穗，穗姿水平、六棱，穗和芒色为紫色，穗长8.7cm，每穗69.3粒。长芒、光芒，裸粒，粒呈紫色、椭圆形，千粒重为54.18g。

四、品质检测结果

项目	数值	项目	数值	项目	数值
蛋白质（%）	0.11	VB$_6$（mg/kg）	38.20	丙氨酸（mg/g）	4.39
淀粉（%）	0.65	VE（mg/kg）	190.55	精氨酸（mg/g）	5.49
纤维素（%）	14.25	脯氨酸（mg/g）	12.42	苏氨酸（mg/g）	3.96
木质素（%）	13.54	赖氨酸（mg/g）	3.01	甘氨酸（mg/g）	5.41
Ca（mg/kg）	1268.66	亮氨酸（mg/g）	6.69	组氨酸（mg/g）	1.28
Zn（mg/kg）	38.86	异亮氨酸（mg/g）	3.70	丝氨酸（mg/g）	4.79
Fe（mg/kg）	132.53	苯丙氨酸（mg/g）	4.96	谷氨酸（mg/g）	25.15
P（mg/kg）	4140.50	甲硫氨酸（mg/g）	1.80	天冬氨酸（mg/g）	7.34
Se（mg/kg）	9.31	缬氨酸（mg/g）	2.01	γ-氨基丁酸（mg/g）	4.71
VB$_1$（mg/kg）	343.51	胱氨酸（mg/g）	6.31	β-葡聚糖（mg/g）	21.60
VB$_2$（mg/kg）	229.34	酪氨酸（mg/g）	3.32		

五、附图

田间整体图片

田间穗部图片

籽粒图片

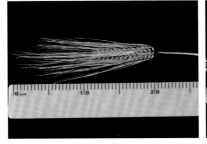

穗部图片

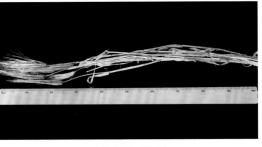

成熟期整株图片

BJX024

一、原产地：西藏康马

二、国家统一编号：ZDM04884

三、形态特征及生物学特性

幼苗叶片、叶耳均为绿色。株高82.6cm，中等株型，第二茎秆直径3.59mm。全生育期为94d，单株穗数为7.4穗，穗姿下垂、六棱，穗和芒色为紫色，穗长7.4cm，每穗57.2粒。长芒、光芒，裸粒，粒呈紫色、椭圆形，千粒重为48.16g。

四、品质检测结果

项目	数值	项目	数值	项目	数值
蛋白质（%）	16.65	VB_6（mg/kg）	43.72	丙氨酸（mg/g）	5.37
淀粉（%）	62.93	VE（mg/kg）	218.46	精氨酸（mg/g）	6.33
纤维素（%）	16.93	脯氨酸（mg/g）	18.80	苏氨酸（mg/g）	3.76
木质素（%）	14.13	赖氨酸（mg/g）	2.73	甘氨酸（mg/g）	5.40
Ca（mg/kg）	1 020.14	亮氨酸（mg/g）	7.91	组氨酸（mg/g）	1.13
Zn（mg/kg）	65.71	异亮氨酸（mg/g）	3.83	丝氨酸（mg/g）	4.92
Fe（mg/kg）	139.81	苯丙氨酸（mg/g）	6.30	谷氨酸（mg/g）	32.80
P（mg/kg）	7 318.94	甲硫氨酸（mg/g）	1.53	天冬氨酸（mg/g）	7.12
Se（mg/kg）	1.65	缬氨酸（mg/g）	1.91	γ - 氨基丁酸（mg/g）	3.79
VB_1（mg/kg）	484.86	胱氨酸（mg/g）	6.57	β - 葡聚糖（mg/g）	23.43
VB_2（mg/kg）	260.27	酪氨酸（mg/g）	3.44		

五、附图

田间整体图片

田间穗部图片

籽粒图片

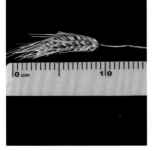

穗部图片

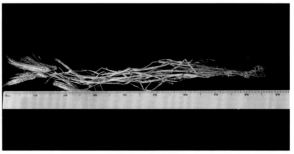

成熟期整株图片

BJX025

一、原产地：西藏康马

二、国家统一编号：ZDM04885

三、形态特征及生物学特性

幼苗叶片、叶耳均为绿色。株高84.5cm，中等株型，第二茎秆直径2.74mm。全生育期为114d，单株穗数为5.0穗，穗姿下垂、六棱，穗和芒色为黄色，穗长6.5cm，每穗53.5粒。长芒、光芒，裸粒，粒呈蓝色、椭圆形，千粒重为46.95g。

四、品质检测结果

项目	数值	项目	数值	项目	数值
蛋白质（%）	16.43	VB_6（mg/kg）	55.01	丙氨酸（mg/g）	6.56
淀粉（%）	49.75	VE（mg/kg）	219.92	精氨酸（mg/g）	7.94
纤维素（%）	20.50	脯氨酸（mg/g）	22.86	苏氨酸（mg/g）	4.76
木质素（%）	14.89	赖氨酸（mg/g）	5.29	甘氨酸（mg/g）	7.18
Ca（mg/kg）	1256.55	亮氨酸（mg/g）	10.01	组氨酸（mg/g）	1.37
Zn（mg/kg）	58.93	异亮氨酸（mg/g）	4.98	丝氨酸（mg/g）	6.20
Fe（mg/kg）	141.96	苯丙氨酸（mg/g）	8.13	谷氨酸（mg/g）	43.32
P（mg/kg）	6513.10	甲硫氨酸（mg/g）	1.48	天冬氨酸（mg/g）	2.01
Se（mg/kg）	1.92	缬氨酸（mg/g）	2.76	γ-氨基丁酸（mg/g）	3.45
VB_1（mg/kg）	531.11	胱氨酸（mg/g）	9.31	β-葡聚糖（mg/g）	21.78
VB_2（mg/kg）	243.60	酪氨酸（mg/g）	4.29		

五、附图

田间整体图片

田间穗部图片　　　　　　　　　　　　籽粒图片

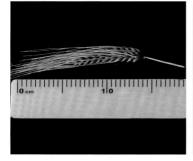

穗部图片　　　　　　　　　　　　成熟期整株图片

BJX027

一、原产地：西藏康马

二、国家统一编号：ZDM04887

三、形态特征及生物学特性

幼苗叶片、叶耳均为绿色。株高103.0cm，中等株型，第二茎秆直径3.36mm。全生育期为109d，单株穗数为6.4穗，穗姿直立、六棱，穗和芒色为黄色，穗长7.2cm，每穗54.4粒。长芒、光芒，裸粒，粒呈黄色、椭圆形，千粒重为47.65g。

四、品质检测结果

项目	数值	项目	数值	项目	数值
蛋白质（%）	14.79	VB_6（mg/kg）	44.95	丙氨酸（mg/g）	3.25
淀粉（%）	56.96	VE（mg/kg）	220.38	精氨酸（mg/g）	6.62
纤维素（%）	13.76	脯氨酸（mg/g）	24.47	苏氨酸（mg/g）	7.77
木质素（%）	11.07	赖氨酸（mg/g）	4.82	甘氨酸（mg/g）	0.38
Ca（mg/kg）	1224.80	亮氨酸（mg/g）	8.11	组氨酸（mg/g）	12.34
Zn（mg/kg）	55.20	异亮氨酸（mg/g）	3.99	丝氨酸（mg/g）	15.74
Fe（mg/kg）	122.40	苯丙氨酸（mg/g）	5.97	谷氨酸（mg/g）	7.37
P（mg/kg）	7498.67	甲硫氨酸（mg/g）	3.83	天冬氨酸（mg/g）	1.82
Se（mg/kg）	4.422	缬氨酸（mg/g）	6.64	γ-氨基丁酸（mg/g）	3.470
VB_1（mg/kg）	316.56	胱氨酸（mg/g）	0.64	β-葡聚糖（mg/g）	22.00
VB_2（mg/kg）	237.43	酪氨酸（mg/g）	13.11		

五、DNA指纹条形码

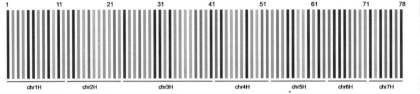

六、附图

田间整体图片

田间穗部图片

籽粒图片

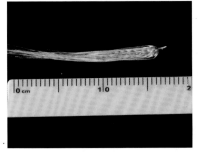

穗部图片

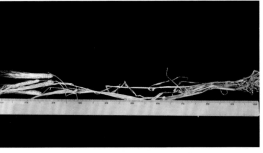

成熟期整株图片

BJX028

一、原产地：西藏康马

二、国家统一编号：ZDM04888

三、形态特征及生物学特性

幼苗叶片、叶耳均为绿色。株高108.8cm，紧凑株型，第二茎秆直径3.92mm。全生育期为122d，单株穗数为3.3穗，穗姿下垂、六棱，穗和芒色为紫色，穗长7.8cm，每穗57.0粒。长芒、光芒，裸粒，粒呈紫色、椭圆形，千粒重为50.91g。

四、品质检测结果

项目	数值	项目	数值	项目	数值
蛋白质（%）	11.55	VB$_6$（mg/kg）	44.05	丙氨酸（mg/g）	5.00
淀粉（%）	60.07	VE（mg/kg）	213.88	精氨酸（mg/g）	5.64
纤维素（%）	16.99	脯氨酸（mg/g）	24.86	苏氨酸（mg/g）	3.52
木质素（%）	13.02	赖氨酸（mg/g）	4.50	甘氨酸（mg/g）	5.72
Ca（mg/kg）	931.82	亮氨酸（mg/g）	7.45	组氨酸（mg/g）	0.99
Zn（mg/kg）	37.64	异亮氨酸（mg/g）	3.58	丝氨酸（mg/g）	4.24
Fe（mg/kg）	72.21	苯丙氨酸（mg/g）	5.47	谷氨酸（mg/g）	29.29
P（mg/kg）	4912.41	甲硫氨酸（mg/g）	0.69	天冬氨酸（mg/g）	1.62
Se（mg/kg）	0.813	缬氨酸（mg/g）	2.28	γ - 氨基丁酸（mg/g）	3.079
VB$_1$（mg/kg）	366.55	胱氨酸（mg/g）	3.77	β - 葡聚糖（mg/g）	21.54
VB$_2$（mg/kg）	225.01	酪氨酸（mg/g）	2.76		

五、DNA指纹条形码

六、附图

田间整体图片

田间穗部图片

籽粒图片

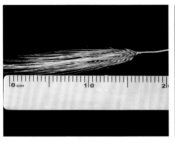

穗部图片

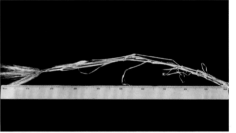

成熟期整株图片

BJX029

一、原产地：西藏康马

二、国家统一编号：ZDM04889

三、形态特征及生物学特性

幼苗叶片、叶耳均为绿色。株高115.2cm，紧凑株型，第二茎秆直径4.42mm。全生育期为114d，单株穗数为11.2穗，穗姿下垂、六棱，穗和芒色为黑色、蓝色，穗长6.4cm，每穗62.0粒。长芒、光芒，裸粒，粒呈黄色、椭圆形，千粒重为48.99g。

四、品质检测结果

项目	数值	项目	数值	项目	数值
蛋白质（%）	14.64	VB_6（mg/kg）	38.06	丙氨酸（mg/g）	5.01
淀粉（%）	49.45	VE（mg/kg）	164.86	精氨酸（mg/g）	6.41
纤维素（%）	16.24	脯氨酸（mg/g）	20.04	苏氨酸（mg/g）	3.93
木质素（%）	17.01	赖氨酸（mg/g）	4.27	甘氨酸（mg/g）	6.03
Ca（mg/kg）	1013.42	亮氨酸（mg/g）	7.91	组氨酸（mg/g）	0.80
Zn（mg/kg）	51.53	异亮氨酸（mg/g）	4.00	丝氨酸（mg/g）	4.90
Fe（mg/kg）	120.33	苯丙氨酸（mg/g）	6.92	谷氨酸（mg/g）	34.38
P（mg/kg）	6687.44	甲硫氨酸（mg/g）	0.63	天冬氨酸（mg/g）	1.74
Se（mg/kg）	1.012	缬氨酸（mg/g）	2.17	γ-氨基丁酸（mg/g）	4.032
VB_1（mg/kg）	365.42	胱氨酸（mg/g）	6.91	β-葡聚糖（mg/g）	20.33
VB_2（mg/kg）	173.41	酪氨酸（mg/g）	3.06		

五、DNA指纹条形码

六、附图

田间整体图片

田间穗部图片

籽粒图片

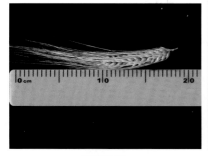

穗部图片

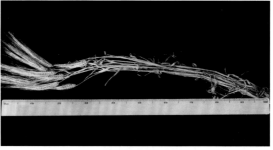

成熟期整株图片

BJX030

一、原产地：西藏康马

二、国家统一编号：ZDM04890

三、形态特征及生物学特性

幼苗叶片、叶耳均为绿色。株高98.2cm，紧凑株型，第二茎秆直径3.85mm。全生育期为114 d，单株穗数为5.6穗，穗姿下垂、六棱，穗和芒色为黄色，穗长8.2cm，每穗61.8粒。长芒、光芒，裸粒，粒呈黄色、椭圆形，千粒重为39.80g。

四、品质检测结果

项目	数值	项目	数值	项目	数值
蛋白质（%）	14.61	VB$_6$（mg/kg）	40.85	丙氨酸（mg/g）	4.52
淀粉（%）	67.87	VE（mg/kg）	207.07	精氨酸（mg/g）	5.13
纤维素（%）	19.55	脯氨酸（mg/g）	22.02	苏氨酸（mg/g）	3.07
木质素（%）	14.85	赖氨酸（mg/g）	3.93	甘氨酸（mg/g）	4.99
Ca（mg/kg）	1 080.67	亮氨酸（mg/g）	5.97	组氨酸（mg/g）	0.39
Zn（mg/kg）	54.64	异亮氨酸（mg/g）	3.02	丝氨酸（mg/g）	3.59
Fe（mg/kg）	275.77	苯丙氨酸（mg/g）	4.44	谷氨酸（mg/g）	23.38
P（mg/kg）	7340.21	甲硫氨酸（mg/g）	0.51	天冬氨酸（mg/g）	1.28
Se（mg/kg）	3.931	缬氨酸（mg/g）	2.14	γ-氨基丁酸（mg/g）	3.987
VB$_1$（mg/kg）	361.77	胱氨酸（mg/g）	5.10	β-葡聚糖（mg/g）	19.01
VB$_2$（mg/kg）	221.44	酪氨酸（mg/g）	2.42		

五、DNA指纹条形码

六、附图

田间整体图片

田间穗部图片

籽粒图片

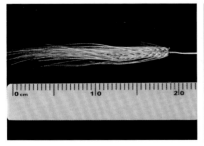

穗部图片

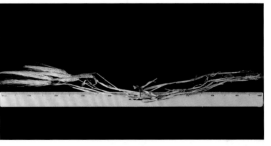

成熟期整株图片

BJX042

一、原产地：西藏康马

二、国家统一编号：ZDM05171

三、形态特征及生物学特性

幼苗叶片、叶耳均为绿色。株高97.8cm，紧凑株型，第二茎秆直径3.41mm。全生育期为98d，单株穗数为6.2穗，穗姿下垂、六棱，穗和芒色为黄色、蓝色，穗长5.4cm，每穗51.6粒。长芒、光芒，裸粒，粒呈蓝色、椭圆形，千粒重为38.77g。

四、品质检测结果

项目	数值	项目	数值	项目	数值
蛋白质（%）	13.92	VB_6（mg/kg）	39.78	丙氨酸（mg/g）	4.78
淀粉（%）	69.59	VE（mg/kg）	218.50	精氨酸（mg/g）	5.74
纤维素（%）	15.09	脯氨酸（mg/g）	13.83	苏氨酸（mg/g）	3.95
木质素（%）	15.72	赖氨酸（mg/g）	2.84	甘氨酸（mg/g）	4.74
Ca（mg/kg）	1135.31	亮氨酸（mg/g）	7.25	组氨酸（mg/g）	1.29
Zn（mg/kg）	46.78	异亮氨酸（mg/g）	3.62	丝氨酸（mg/g）	4.47
Fe（mg/kg）	100.10	苯丙氨酸（mg/g）	6.00	谷氨酸（mg/g）	27.79
P（mg/kg）	4828.97	甲硫氨酸（mg/g）	1.49	天冬氨酸（mg/g）	6.95
Se（mg/kg）	0.689	缬氨酸（mg/g）	1.48	γ-氨基丁酸（mg/g）	4.034
VB_1（mg/kg）	256.19	胱氨酸（mg/g）	5.60	β-葡聚糖（mg/g）	21.90
VB_2（mg/kg）	200.07	酪氨酸（mg/g）	3.36		

五、DNA指纹条形码

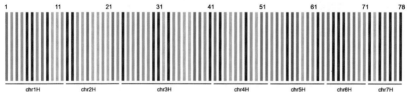

六、附图

田间整体图片

田间穗部图片

籽粒图片

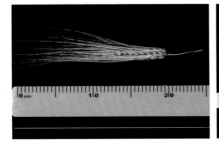

穗部图片

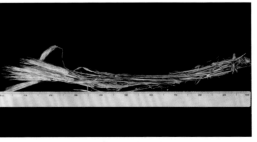

成熟期整株图片

BJX043

一、原产地：西藏康马

二、国家统一编号：ZDM05172

三、形态特征及生物学特性

幼苗叶片、叶耳均为绿色。株高80.3cm，紧凑株型，第二茎秆直径5.22mm。全生育期为122d，单株穗数为5.0穗，穗姿直立、六棱，穗和芒色为黄色、紫色，穗长6.7cm，每穗42.3粒。短芒、光芒，裸粒，粒呈黄色、椭圆形，千粒重为42.08g。

四、品质检测结果

项目	数值	项目	数值	项目	数值
蛋白质（%）	17.34	VB$_6$（mg/kg）	38.88	丙氨酸（mg/g）	5.93
淀粉（%）	51.07	VE（mg/kg）	209.99	精氨酸（mg/g）	7.33
纤维素（%）	13.26	脯氨酸（mg/g）	16.40	苏氨酸（mg/g）	4.47
木质素（%）	13.53	赖氨酸（mg/g）	2.88	甘氨酸（mg/g）	6.04
Ca（mg/kg）	1265.88	亮氨酸（mg/g）	8.72	组氨酸（mg/g）	1.05
Zn（mg/kg）	81.45	异亮氨酸（mg/g）	4.25	丝氨酸（mg/g）	5.49
Fe（mg/kg）	181.86	苯丙氨酸（mg/g）	6.92	谷氨酸（mg/g）	33.53
P（mg/kg）	7471.82	甲硫氨酸（mg/g）	1.59	天冬氨酸（mg/g）	7.85
Se（mg/kg）	1.673	缬氨酸（mg/g）	1.64	γ-氨基丁酸（mg/g）	4.164
VB$_1$（mg/kg）	309.32	胱氨酸（mg/g）	7.35	β-葡聚糖（mg/g）	23.17
VB$_2$（mg/kg）	232.14	酪氨酸（mg/g）	3.71		

五、DNA指纹条形码

六、附图

田间整体图片

田间穗部图片

籽粒图片

穗部图片

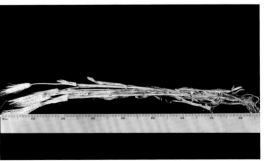

成熟期整株图片

BJX078

一、原产地：西藏康马

二、国家统一编号：ZDM06409

三、形态特征及生物学特性

幼苗叶片、叶耳均为绿色。株高98.8cm，紧凑株型，第二茎秆直径4.88mm。全生育期为124d，单株穗数为6.8穗，穗姿下垂、六棱，穗和芒色为紫红色，穗长6.6cm，每穗62.2粒。长芒、光芒，裸粒，粒呈褐色、椭圆形，千粒重为54.12g。

四、品质检测结果

项目	数值	项目	数值	项目	数值
蛋白质（%）	13.69	VB$_6$（mg/kg）	34.52	丙氨酸（mg/g）	2.32
淀粉（%）	62.95	VE（mg/kg）	246.68	精氨酸（mg/g）	2.79
纤维素（%）	15.29	脯氨酸（mg/g）	4.06	苏氨酸（mg/g）	2.20
木质素（%）	10.50	赖氨酸（mg/g）	1.87	甘氨酸（mg/g）	2.48
Ca（mg/kg）	1042.33	亮氨酸（mg/g）	3.86	组氨酸（mg/g）	0.85
Zn（mg/kg）	50.75	异亮氨酸（mg/g）	1.98	丝氨酸（mg/g）	2.14
Fe（mg/kg）	142.73	苯丙氨酸（mg/g）	2.73	谷氨酸（mg/g）	15.70
P（mg/kg）	6710.99	甲硫氨酸（mg/g）	0.23	天冬氨酸（mg/g）	3.61
Se（mg/kg）	5.552	缬氨酸（mg/g）	0.18	γ - 氨基丁酸（mg/g）	3.995
VB$_1$（mg/kg）	295.16	胱氨酸（mg/g）	1.80	β - 葡聚糖（mg/g）	15.69
VB$_2$（mg/kg）	187.83	酪氨酸（mg/g）	1.54		

五、DNA指纹条形码

| chr1H | chr2H | chr3H | chr4H | chr5H | chr6H | chr7H |

六、附图

田间整体图片

田间穗部图片

籽粒图片

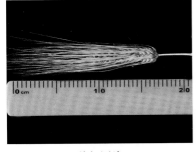

穗部图片

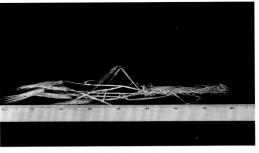

成熟期整株图片

BJX079

一、原产地：西藏康马

二、国家统一编号：ZDM06410

三、形态特征及生物学特性

幼苗叶片、叶耳均为绿色。株高104.6cm，紧凑株型，第二茎秆直径3.62mm。全生育期为124d，单株穗数为9.2穗，穗姿水平、六棱，穗和芒色为黄红色，穗长7.8cm，每穗61.0粒。长芒、光芒，裸粒，粒呈褐色、椭圆形，千粒重为58.22g。

四、品质检测结果

项目	数值	项目	数值	项目	数值
蛋白质（%）	13.03	VB$_6$（mg/kg）	42.47	丙氨酸（mg/g）	1.49
淀粉（%）	67.81	VE（mg/kg）	228.17	精氨酸（mg/g）	0.63
纤维素（%）	16.50	脯氨酸（mg/g）	6.65	苏氨酸（mg/g）	0.59
木质素（%）	12.73	赖氨酸（mg/g）	1.86	甘氨酸（mg/g）	0.56
Ca（mg/kg）	986.17	亮氨酸（mg/g）	1.74	组氨酸（mg/g）	0.62
Zn（mg/kg）	45.37	异亮氨酸（mg/g）	0.78	丝氨酸（mg/g）	0.20
Fe（mg/kg）	112.57	苯丙氨酸（mg/g）	2.03	谷氨酸（mg/g）	4.88
P（mg/kg）	6089.28	甲硫氨酸（mg/g）	0.26	天冬氨酸（mg/g）	1.10
Se（mg/kg）	2.52	缬氨酸（mg/g）	0.06	γ-氨基丁酸（mg/g）	3.67
VB$_1$（mg/kg）	295.80	胱氨酸（mg/g）	1.38	β-葡聚糖（mg/g）	14.52
VB$_2$（mg/kg）	182.24	酪氨酸（mg/g）	0.54		

五、附图

田间整体图片

田间穗部图片

籽粒图片

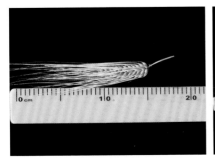

穗部图片

成熟期整株图片

BJX080

一、原产地：西藏康马

二、国家统一编号：ZDM06411

三、形态特征及生物学特性

幼苗叶片、叶耳均为绿色。株高98.0cm，紧凑株型，第二茎秆直径3.53mm。全生育期为114d，单株穗数为7.7穗，穗姿直立、六棱，穗和芒色为黄色，穗长6.7cm，每穗53.3粒。短芒、光芒，裸粒，粒呈黄色、椭圆形，千粒重为40.33g。

四、品质检测结果

项目	数值	项目	数值	项目	数值
蛋白质（%）	13.24	VB$_6$（mg/kg）	40.84	丙氨酸（mg/g）	3.68
淀粉（%）	59.99	VE（mg/kg）	245.01	精氨酸（mg/g）	4.07
纤维素（%）	14.78	脯氨酸（mg/g）	2.43	苏氨酸（mg/g）	2.74
木质素（%）	13.44	赖氨酸（mg/g）	1.78	甘氨酸（mg/g）	3.33
Ca（mg/kg）	893.07	亮氨酸（mg/g）	5.47	组氨酸（mg/g）	0.95
Zn（mg/kg）	41.63	异亮氨酸（mg/g）	2.72	丝氨酸（mg/g）	2.82
Fe（mg/kg）	93.47	苯丙氨酸（mg/g）	3.89	谷氨酸（mg/g）	19.39
P（mg/kg）	4773.18	甲硫氨酸（mg/g）	0.26	天冬氨酸（mg/g）	4.52
Se（mg/kg）	0.57	缬氨酸（mg/g）	0.19	γ-氨基丁酸（mg/g）	3.36
VB$_1$（mg/kg）	352.97	胱氨酸（mg/g）	3.82	β-葡聚糖（mg/g）	16.05
VB$_2$（mg/kg）	184.90	酪氨酸（mg/g）	2.09		

五、附图

田间整体图片

田间穗部图片

籽粒图片

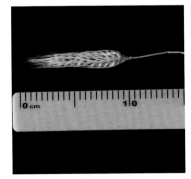

穗部图片

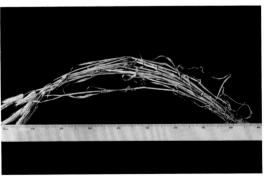

成熟期整株图片

BJX081

一、原产地：西藏康马

二、国家统一编号：ZDM06413

三、形态特征及生物学特性

幼苗叶片、叶耳均为绿色。株高100.0cm，紧凑株型，第二茎秆直径4.34mm。全生育期为94d，单株穗数为10.2穗，穗姿下垂、六棱，穗和芒色为黄色，穗长7.8cm，每穗58.2粒。长芒、光芒，裸粒，粒呈黄色、椭圆形，千粒重为47.44g。

四、品质检测结果

项目	数值	项目	数值	项目	数值
蛋白质（%）	10.38	VB$_6$（mg/kg）	47.72	丙氨酸（mg/g）	1.37
淀粉（%）	65.80	VE（mg/kg）	202.22	精氨酸（mg/g）	1.40
纤维素（%）	11.55	脯氨酸（mg/g）	7.11	苏氨酸（mg/g）	2.12
木质素（%）	13.80	赖氨酸（mg/g）	3.86	甘氨酸（mg/g）	3.32
Ca（mg/kg）	780.27	亮氨酸（mg/g）	4.78	组氨酸（mg/g）	0.20
Zn（mg/kg）	32.80	异亮氨酸（mg/g）	2.48	丝氨酸（mg/g）	1.06
Fe（mg/kg）	95.36	苯丙氨酸（mg/g）	0.48	谷氨酸（mg/g）	9.90
P（mg/kg）	3 458.63	甲硫氨酸（mg/g）	1.69	天冬氨酸（mg/g）	1.46
Se（mg/kg）	3.22	缬氨酸（mg/g）	0.07	γ-氨基丁酸（mg/g）	2.05
VB$_1$（mg/kg）	348.07	胱氨酸（mg/g）	0.84	β-葡聚糖（mg/g）	14.88
VB$_2$（mg/kg）	141.67	酪氨酸（mg/g）	1.00		

五、附图

田间整体图片

田间穗部图片

籽粒图片

穗部图片

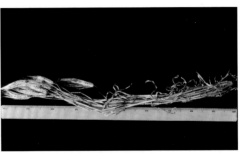

成熟期整株图片

BJX082

一、原产地：西藏康马

二、国家统一编号：ZDM06414

三、形态特征及生物学特性

幼苗叶片、叶耳均为绿色。株高108.4cm，紧凑株型，第二茎秆直径4.34mm。全生育期为116d，单株穗数为7.6穗，穗姿水平、六棱，穗和芒色为黄色，穗长8.0cm，每穗56.2粒。长芒、光芒，裸粒，粒呈褐色、长圆形，千粒重为49.37g。

四、品质检测结果

项目	数值	项目	数值	项目	数值
蛋白质（%）	13.59	VB$_6$（mg/kg）	40.26	丙氨酸（mg/g）	3.53
淀粉（%）	62.58	VE（mg/kg）	194.63	精氨酸（mg/g）	4.04
纤维素（%）	11.06	脯氨酸（mg/g）	7.06	苏氨酸（mg/g）	2.91
木质素（%）	12.06	赖氨酸（mg/g）	3.50	甘氨酸（mg/g）	3.76
Ca（mg/kg）	826.22	亮氨酸（mg/g）	5.91	组氨酸（mg/g）	0.09
Zn（mg/kg）	42.92	异亮氨酸（mg/g）	3.12	丝氨酸（mg/g）	3.11
Fe（mg/kg）	393.63	苯丙氨酸（mg/g）	4.44	谷氨酸（mg/g）	25.99
P（mg/kg）	5 121.12	甲硫氨酸（mg/g）	0.86	天冬氨酸（mg/g）	1.18
Se（mg/kg）	0.791	缬氨酸（mg/g）	0.32	γ-氨基丁酸（mg/g）	3.431
VB$_1$（mg/kg）	335.78	胱氨酸（mg/g）	4.70	β-葡聚糖（mg/g）	14.59
VB$_2$（mg/kg）	148.69	酪氨酸（mg/g）	2.37		

五、DNA指纹条形码

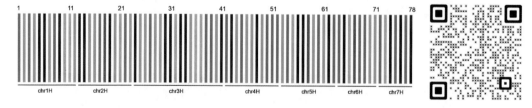

六、附图

田间整体图片

田间穗部图片

籽粒图片

穗部图片

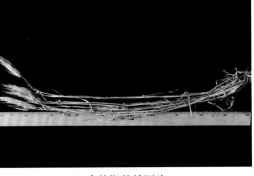

成熟期整株图片

BJX0158

一、原产地：西藏康马

二、国家统一编号：ZDM07356

三、形态特征及生物学特性

幼苗叶片、叶耳均为绿色。株高97.0cm，中等株型，第二茎秆直径3.47mm。全生育期为114d，单株穗数为7.6穗，穗姿下垂、六棱，穗和芒色为紫色，穗长7.2cm，每穗55.2粒。长芒、光芒，裸粒，粒呈褐色、椭圆形，千粒重为51.06g。

四、品质检测结果

项目	数值	项目	数值	项目	数值
蛋白质（%）	15.77	VB$_6$（mg/kg）	47.46	丙氨酸（mg/g）	5.83
淀粉（%）	65.94	VE（mg/kg）	245.08	精氨酸（mg/g）	7.48
纤维素（%）	19.68	脯氨酸（mg/g）	10.06	苏氨酸（mg/g）	5.28
木质素（%）	12.72	赖氨酸（mg/g）	5.03	甘氨酸（mg/g）	5.65
Ca（mg/kg）	893.63	亮氨酸（mg/g）	8.84	组氨酸（mg/g）	0.16
Zn（mg/kg）	50.17	异亮氨酸（mg/g）	4.47	丝氨酸（mg/g）	5.64
Fe（mg/kg）	107.33	苯丙氨酸（mg/g）	7.00	谷氨酸（mg/g）	34.26
P（mg/kg）	5863.48	甲硫氨酸（mg/g）	0.28	天冬氨酸（mg/g）	7.16
Se（mg/kg）	0.136	缬氨酸（mg/g）	1.07	γ-氨基丁酸（mg/g）	4.249
VB$_1$（mg/kg）	692.20	胱氨酸（mg/g）	7.03	β-葡聚糖（mg/g）	29.05
VB$_2$（mg/kg）	233.41	酪氨酸（mg/g）	3.87		

五、DNA指纹条形码

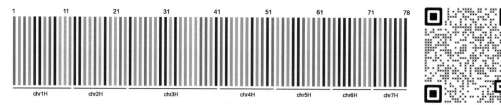

六、附图

田间整体图片

田间穗部图片　　　　　　　　　籽粒图片

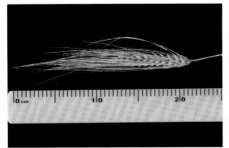

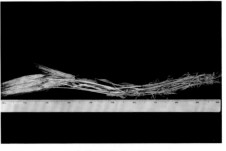

穗部图片　　　　　　　　　　成熟期整株图片

BJX0159

一、原产地：西藏康马

二、国家统一编号：ZDM07357

三、形态特征及生物学特性

幼苗叶片、叶耳均为绿色。株高102.0cm，中等株型，第二茎秆直径4.41mm。全生育期为114d，单株穗数为8.2穗，穗姿下垂、六棱，穗和芒色为紫色，穗长7.0cm，每穗58.8粒。长芒、光芒，裸粒，粒呈褐色、椭圆形，千粒重为47.82g。

四、品质检测结果

项目	数值	项目	数值	项目	数值
蛋白质（%）	15.12	VB$_6$（mg/kg）	44.54	丙氨酸（mg/g）	4.36
淀粉（%）	64.95	VE（mg/kg）	226.32	精氨酸（mg/g）	5.22
纤维素（%）	15.55	脯氨酸（mg/g）	6.36	苏氨酸（mg/g）	4.14
木质素（%）	11.88	赖氨酸（mg/g）	4.23	甘氨酸（mg/g）	4.49
Ca（mg/kg）	983.33	亮氨酸（mg/g）	7.22	组氨酸（mg/g）	2.55
Zn（mg/kg）	50.73	异亮氨酸（mg/g）	3.69	丝氨酸（mg/g）	4.45
Fe（mg/kg）	112.73	苯丙氨酸（mg/g）	5.73	谷氨酸（mg/g）	27.92
P（mg/kg）	5490.84	甲硫氨酸（mg/g）	0.28	天冬氨酸（mg/g）	6.08
Se（mg/kg）	0.448	缬氨酸（mg/g）	0.06	γ-氨基丁酸（mg/g）	3.900
VB$_1$（mg/kg）	639.71	胱氨酸（mg/g）	5.66	β-葡聚糖（mg/g）	29.99
VB$_2$（mg/kg）	183.97	酪氨酸（mg/g）	3.05		

五、DNA指纹条形码

六、附图

田间整体图片

田间穗部图片

籽粒图片

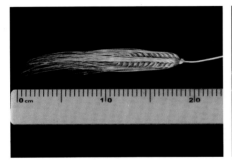

穗部图片

成熟期整株图片

BJX0160

一、原产地：西藏康马

二、国家统一编号：ZDM07358

三、形态特征及生物学特性

幼苗叶片、叶耳均为绿色。株高71.0cm，中等株型，第二茎秆直径3.41mm。全生育期为109d，单株穗数为7.0穗，穗姿下垂、六棱，穗和芒色为紫色，穗长7.0cm，每穗55.3粒。长芒、光芒，裸粒，粒呈黄色、椭圆形，千粒重为47.85g。

四、品质检测结果

项目	数值	项目	数值	项目	数值
蛋白质（%）	16.96	VB$_6$（mg/kg）	56.69	丙氨酸（mg/g）	6.25
淀粉（%）	68.73	VE（mg/kg）	281.78	精氨酸（mg/g）	8.04
纤维素（%）	18.33	脯氨酸（mg/g）	9.94	苏氨酸（mg/g）	5.70
木质素（%）	7.83	赖氨酸（mg/g）	5.14	甘氨酸（mg/g）	6.42
Ca（mg/kg）	900.85	亮氨酸（mg/g）	9.87	组氨酸（mg/g）	3.32
Zn（mg/kg）	46.63	异亮氨酸（mg/g）	5.09	丝氨酸（mg/g）	6.24
Fe（mg/kg）	83.14	苯丙氨酸（mg/g）	8.93	谷氨酸（mg/g）	39.64
P（mg/kg）	5070.65	甲硫氨酸（mg/g）	0.27	天冬氨酸（mg/g）	7.61
Se（mg/kg）	1.081	缬氨酸（mg/g）	1.04	γ-氨基丁酸（mg/g）	4.327
VB$_1$（mg/kg）	671.29	胱氨酸（mg/g）	8.18	β-葡聚糖（mg/g）	26.88
VB$_2$（mg/kg）	234.46	酪氨酸（mg/g）	4.58		

五、DNA指纹条形码

六、附图

田间整体图片

田间穗部图片

籽粒图片

穗部图片

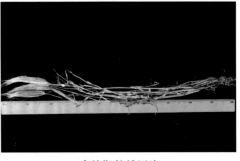

成熟期整株图片

BJX0161

一、原产地：西藏康马

二、国家统一编号：ZDM07359

三、形态特征及生物学特性

幼苗叶片、叶耳均为绿色。株高100.2cm，紧凑株型，第二茎秆直径3.08mm。全生育期为122d，单株穗数为4.0穗，穗姿下垂、六棱，穗和芒色为黄色，穗长6.4cm，每穗51.6粒。长芒、光芒，裸粒，粒呈黄色、椭圆形，千粒重为54.64g。

四、品质检测结果

项目	数值	项目	数值	项目	数值
蛋白质（%）	13.38	VB_6（mg/kg）	55.63	丙氨酸（mg/g）	5.13
淀粉（%）	63.85	VE（mg/kg）	269.38	精氨酸（mg/g）	6.38
纤维素（%）	20.34	脯氨酸（mg/g）	7.63	苏氨酸（mg/g）	4.97
木质素（%）	13.26	赖氨酸（mg/g）	4.69	甘氨酸（mg/g）	5.14
Ca（mg/kg）	886.28	亮氨酸（mg/g）	8.35	组氨酸（mg/g）	2.51
Zn（mg/kg）	41.16	异亮氨酸（mg/g）	4.31	丝氨酸（mg/g）	5.32
Fe（mg/kg）	91.63	苯丙氨酸（mg/g）	6.37	谷氨酸（mg/g）	30.68
P（mg/kg）	5 048.84	甲硫氨酸（mg/g）	0.29	天冬氨酸（mg/g）	7.71
Se（mg/kg）	0.192	缬氨酸（mg/g）	0.07	γ-氨基丁酸（mg/g）	4.468
VB_1（mg/kg）	685.11	胱氨酸（mg/g）	6.81	β-葡聚糖（mg/g）	24.58
VB_2（mg/kg）	210.80	酪氨酸（mg/g）	3.59		

五、DNA指纹条形码

六、附图

田间整体图片

田间穗部图片　　　　　　　　　　　籽粒图片

穗部图片　　　　　　　　　　　成熟期整株图片

BJX0178

一、原产地：西藏康马

二、国家统一编号：ZDM07471

三、形态特征及生物学特性

幼苗叶片、叶耳均为绿色。株高116.2cm，紧凑株型，第二茎秆直径3.27mm。全生育期为114d，单株穗数为8.6穗，穗姿下垂、六棱，穗和芒色为红色，穗长6.2cm，每穗64.4粒。长芒、光芒，裸粒，粒呈褐色、椭圆形，千粒重为36.34g。

四、品质检测结果

项目	数值	项目	数值	项目	数值
蛋白质（%）	13.03	VB$_6$（mg/kg）	46.78	丙氨酸（mg/g）	4.45
淀粉（%）	63.45	VE（mg/kg）	259.29	精氨酸（mg/g）	5.06
纤维素（%）	16.36	脯氨酸（mg/g）	5.74	苏氨酸（mg/g）	4.19
木质素（%）	11.07	赖氨酸（mg/g）	3.41	甘氨酸（mg/g）	4.12
Ca（mg/kg）	1010.03	亮氨酸（mg/g）	7.36	组氨酸（mg/g）	0.89
Zn（mg/kg）	53.47	异亮氨酸（mg/g）	3.69	丝氨酸（mg/g）	4.91
Fe（mg/kg）	139.07	苯丙氨酸（mg/g）	5.52	谷氨酸（mg/g）	29.02
P（mg/kg）	4709.51	甲硫氨酸（mg/g）	0.28	天冬氨酸（mg/g）	5.66
Se（mg/kg）	3.766	缬氨酸（mg/g）	1.31	γ-氨基丁酸（mg/g）	1.956
VB$_1$（mg/kg）	687.56	胱氨酸（mg/g）	5.68	β-葡聚糖（mg/g）	24.56
VB$_2$（mg/kg）	287.75	酪氨酸（mg/g）	3.36		

五、DNA指纹条形码

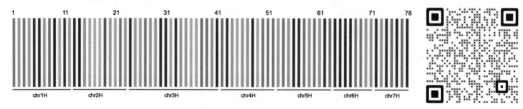

六、附图

田间整体图片

田间穗部图片

籽粒图片

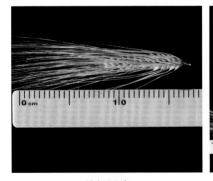

穗部图片

成熟期整株图片

BJX0183

一、原产地：西藏康马

二、国家统一编号：ZDM07491

三、形态特征及生物学特性

幼苗叶片、叶耳均为绿色。株高105.2cm，紧凑株型，第二茎秆直径3.81mm。全生育期为114d，单株穗数为8.4穗，穗姿下垂、六棱，穗和芒色为黄色，穗长6.6cm，每穗60.4粒。短钩芒、光芒，裸粒，粒呈黄色、椭圆形，千粒重为42.09g。

四、品质检测结果

项目	数值	项目	数值	项目	数值
蛋白质（%）	12.59	VB$_6$（mg/kg）	59.37	丙氨酸（mg/g）	4.88
淀粉（%）	67.60	VE（mg/kg）	243.65	精氨酸（mg/g）	6.15
纤维素（%）	22.84	脯氨酸（mg/g）	1.40	苏氨酸（mg/g）	4.17
木质素（%）	12.07	赖氨酸（mg/g）	4.07	甘氨酸（mg/g）	4.69
Ca（mg/kg）	884.91	亮氨酸（mg/g）	7.43	组氨酸（mg/g）	0.13
Zn（mg/kg）	46.46	异亮氨酸（mg/g）	3.76	丝氨酸（mg/g）	4.50
Fe（mg/kg）	125.24	苯丙氨酸（mg/g）	5.07	谷氨酸（mg/g）	21.06
P（mg/kg）	5995.28	甲硫氨酸（mg/g）	0.29	天冬氨酸（mg/g）	5.57
Se（mg/kg）	3.054	缬氨酸（mg/g）	0.71	γ-氨基丁酸（mg/g）	3.912
VB$_1$（mg/kg）	773.54	胱氨酸（mg/g）	5.27	β-葡聚糖（mg/g）	29.80
VB$_2$（mg/kg）	271.81	酪氨酸（mg/g）	3.57		

五、DNA指纹条形码

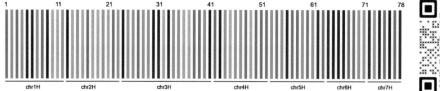

六、附图

田间整体图片

田间穗部图片

籽粒图片

穗部图片

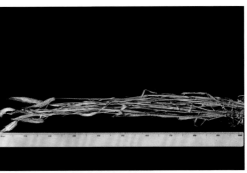

成熟期整株图片

BJX0193

一、原产地：西藏康马

二、国家统一编号：ZDM07520

三、形态特征及生物学特性

幼苗叶片、叶耳均为绿色。株高93.0cm，紧凑株型，第二茎秆直径4.90mm。全生育期为116d，单株穗数为8.0穗，穗姿水平、六棱，穗和芒色为黄色，穗长5.5cm，每穗75.5粒。短钩芒、光芒，裸粒，粒呈黄色、椭圆形，千粒重为42.17g。

四、品质检测结果

项目	数值	项目	数值	项目	数值
蛋白质（%）	9.84	VB$_6$（mg/kg）	57.56	丙氨酸（mg/g）	3.64
淀粉（%）	67.15	VE（mg/kg）	281.45	精氨酸（mg/g）	4.69
纤维素（%）	16.00	脯氨酸（mg/g）	1.67	苏氨酸（mg/g）	3.21
木质素（%）	8.24	赖氨酸（mg/g）	2.90	甘氨酸（mg/g）	3.84
Ca（mg/kg）	768.39	亮氨酸（mg/g）	6.02	组氨酸（mg/g）	0.13
Zn（mg/kg）	27.53	异亮氨酸（mg/g）	2.88	丝氨酸（mg/g）	3.66
Fe（mg/kg）	80.21	苯丙氨酸（mg/g）	3.99	谷氨酸（mg/g）	16.24
P（mg/kg）	3 156.15	甲硫氨酸（mg/g）	0.31	天冬氨酸（mg/g）	4.46
Se（mg/kg）	0.346	缬氨酸（mg/g）	0.54	γ-氨基丁酸（mg/g）	2.972
VB$_1$（mg/kg）	955.77	胱氨酸（mg/g）	3.52	β-葡聚糖（mg/g）	26.15
VB$_2$（mg/kg）	123.86	酪氨酸（mg/g）	2.58		

五、DNA指纹条形码

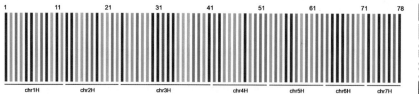

六、附图

田间整体图片

田间穗部图片

籽粒图片

穗部图片

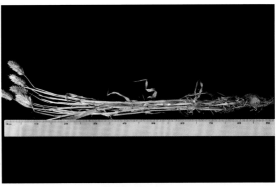

成熟期整株图片

BJX223

一、原产地：西藏康马

二、国家统一编号：ZDM07685

三、形态特征及生物学特性

幼苗叶片、叶耳均为绿色。株高94.0cm，中等株型，第二茎秆直径4.34mm。全生育期为109d，单株穗数为7.0穗，穗姿下垂、六棱，穗和芒色为黄色，穗长7.3cm，每穗64.3粒。短芒、光芒，裸粒，粒呈褐色、椭圆形，千粒重为49.44g。

四、品质检测结果

项目	数值	项目	数值	项目	数值
蛋白质（%）	11.99	VB_6（mg/kg）	60.50	丙氨酸（mg/g）	4.41
淀粉（%）	68.45	VE（mg/kg）	277.10	精氨酸（mg/g）	5.35
纤维素（%）	23.41	脯氨酸（mg/g）	5.50	苏氨酸（mg/g）	3.89
木质素（%）	12.79	赖氨酸（mg/g）	4.04	甘氨酸（mg/g）	4.54
Ca（mg/kg）	787.19	亮氨酸（mg/g）	7.47	组氨酸（mg/g）	0.71
Zn（mg/kg）	35.70	异亮氨酸（mg/g）	3.87	丝氨酸（mg/g）	4.52
Fe（mg/kg）	90.97	苯丙氨酸（mg/g）	5.66	谷氨酸（mg/g）	25.70
P（mg/kg）	3 839.24	甲硫氨酸（mg/g）	0.39	天冬氨酸（mg/g）	6.09
Se（mg/kg）	0.525	缬氨酸（mg/g）	0.37	γ-氨基丁酸（mg/g）	3.992
VB_1（mg/kg）	1 051.55	胱氨酸（mg/g）	4.81	β-葡聚糖（mg/g）	22.03
VB_2（mg/kg）	177.74	酪氨酸（mg/g）	3.11		

五、DNA指纹条形码

六、附图

田间整体图片

田间穗部图片

籽粒图片

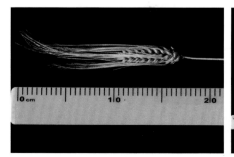

穗部图片

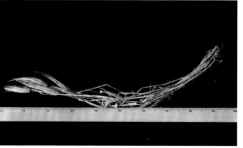

成熟期整株图片

BJX224

一、原产地：西藏康马

二、国家统一编号：ZDM07692

三、形态特征及生物学特性

幼苗叶片、叶耳均为绿色。株高100.4cm，紧凑株型，第二茎秆直径4.55mm。全生育期为101d，单株穗数为6.4穗，穗姿下垂、六棱，穗和芒色为黄色，穗长6.8cm，每穗61.8数。长芒、光芒，裸粒，粒呈黄色、椭圆形，千粒重为51.66g。

四、品质检测结果

项目	数值	项目	数值	项目	数值
蛋白质（%）	16.26	VB$_6$（mg/kg）	50.55	丙氨酸（mg/g）	6.05
淀粉（%）	66.97	VE（mg/kg）	272.28	精氨酸（mg/g）	7.47
纤维素（%）	17.93	脯氨酸（mg/g）	4.26	苏氨酸（mg/g）	5.41
木质素（%）	11.27	赖氨酸（mg/g）	3.73	甘氨酸（mg/g）	6.19
Ca（mg/kg）	1125.89	亮氨酸（mg/g）	10.36	组氨酸（mg/g）	1.78
Zn（mg/kg）	46.05	异亮氨酸（mg/g）	5.64	丝氨酸（mg/g）	6.33
Fe（mg/kg）	112.81	苯丙氨酸（mg/g）	8.34	谷氨酸（mg/g）	37.71
P（mg/kg）	5980.93	甲硫氨酸（mg/g）	0.44	天冬氨酸（mg/g）	7.64
Se（mg/kg）	0.134	缬氨酸（mg/g）	1.01	γ-氨基丁酸（mg/g）	5.412
VB$_1$（mg/kg）	916.81	胱氨酸（mg/g）	7.87	β-葡聚糖（mg/g）	30.72
VB$_2$（mg/kg）	190.68	酪氨酸（mg/g）	4.46		

五、DNA指纹条形码

六、附图

田间整体图片

田间穗部图片

籽粒图片

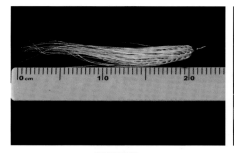

穗部图片

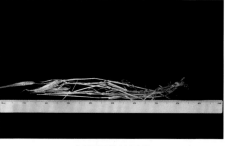

成熟期整株图片

BJX237

一、原产地：西藏康马

二、国家统一编号：ZDM07723

三、形态特征及生物学特性

幼苗叶片、叶耳均为绿色。株高100.7cm，松散株型，第二茎秆直径3.50mm。全生育期为101d，单株穗数为7.7穗，穗姿下垂、六棱，穗和芒色为紫色，穗长7.3cm，每穗66.0粒。长芒、光芒，裸粒，粒呈褐色、椭圆形，千粒重为47.35g。

四、品质检测结果

项目	数值	项目	数值	项目	数值
蛋白质（%）	12.89	VB$_6$（mg/kg）	66.28	丙氨酸（mg/g）	5.14
淀粉（%）	64.91	VE（mg/kg）	256.41	精氨酸（mg/g）	5.87
纤维素（%）	21.28	脯氨酸（mg/g）	9.36	苏氨酸（mg/g）	4.65
木质素（%）	9.95	赖氨酸（mg/g）	6.03	甘氨酸（mg/g）	5.76
Ca（mg/kg）	920.53	亮氨酸（mg/g）	8.43	组氨酸（mg/g）	1.61
Zn（mg/kg）	33.64	异亮氨酸（mg/g）	4.38	丝氨酸（mg/g）	5.09
Fe（mg/kg）	130.18	苯丙氨酸（mg/g）	6.14	谷氨酸（mg/g）	32.10
P（mg/kg）	4924.43	甲硫氨酸（mg/g）	0.72	天冬氨酸（mg/g）	5.36
Se（mg/kg）	0.133	缬氨酸（mg/g）	0.84	γ-氨基丁酸（mg/g）	4.392
VB$_1$（mg/kg）	989.54	胱氨酸（mg/g）	7.09	β-葡聚糖（mg/g）	29.14
VB$_2$（mg/kg）	167.37	酪氨酸（mg/g）	4.02		

五、DNA指纹条形码

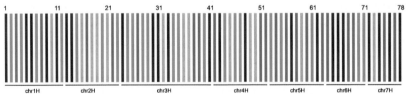

六、附图

田间整体图片

田间穗部图片

籽粒图片

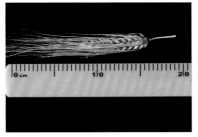

穗部图片

成熟期整株图片

BJX242

一、原产地：西藏康马

二、国家统一编号：ZDM07766

三、形态特征及生物学特性

幼苗叶片、叶耳均为绿色。株高99.8cm，中等株型，第二茎秆直径4.11mm。全生育期为109d，单株穗数为8.0穗，穗姿下垂、六棱，穗和芒色为黄色，穗长8.0cm，每穗65.8粒。长芒、光芒，裸粒，粒呈黄色、椭圆形，千粒重为42.10g。

四、品质检测结果

项目	数值	项目	数值	项目	数值
蛋白质（%）	14.23	VB$_6$（mg/kg）	58.16	丙氨酸（mg/g）	4.72
淀粉（%）	62.28	VE（mg/kg）	283.29	精氨酸（mg/g）	5.32
纤维素（%）	21.53	脯氨酸（mg/g）	8.98	苏氨酸（mg/g）	4.22
木质素（%）	10.94	赖氨酸（mg/g）	5.53	甘氨酸（mg/g）	5.26
Ca（mg/kg）	1014.40	亮氨酸（mg/g）	8.23	组氨酸（mg/g）	0.24
Zn（mg/kg）	41.53	异亮氨酸（mg/g）	4.42	丝氨酸（mg/g）	5.20
Fe（mg/kg）	124.58	苯丙氨酸（mg/g）	6.15	谷氨酸（mg/g）	32.83
P（mg/kg）	4942.39	甲硫氨酸（mg/g）	0.69	天冬氨酸（mg/g）	4.48
Se（mg/kg）	1.087	缬氨酸（mg/g）	0.71	γ-氨基丁酸（mg/g）	2.975
VB$_1$（mg/kg）	862.85	胱氨酸（mg/g）	6.85	β-葡聚糖（mg/g）	25.47
VB$_2$（mg/kg）	199.50	酪氨酸（mg/g）	3.81		

五、DNA指纹条形码

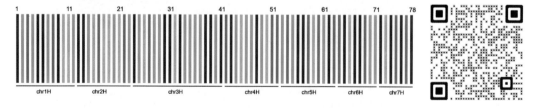

六、附图

田间整体图片

田间穗部图片　　　　　　　　　　籽粒图片

穗部图片　　　　　　　　　　　成熟期整株图片

山南市措美县青稞资源简介

BJX267

一、原产地：西藏措美

二、西藏保存编号：XZDM07626

三、形态特征及生物学特性

幼苗叶片、叶耳均为绿色。株高92.0cm，中等株型，第二茎秆直径3.33mm。全生育期为116d，单株穗数为4.6穗，穗姿下垂、六棱，穗和芒色为紫色，穗长6.0cm，每穗57.2粒。长芒、光芒，裸粒，粒呈褐色、椭圆形，千粒重为55.52g。

四、品质检测结果

项目	数值	项目	数值	项目	数值
蛋白质（%）	16.53	VB$_6$（mg/kg）	66.64	丙氨酸（mg/g）	7.73
淀粉（%）	56.06	VE（mg/kg）	369.35	精氨酸（mg/g）	10.14
纤维素（%）	29.00	脯氨酸（mg/g）	12.67	苏氨酸（mg/g）	6.22
木质素（%）	10.46	赖氨酸（mg/g）	5.73	甘氨酸（mg/g）	7.52
Ca（mg/kg）	1348.86	亮氨酸（mg/g）	11.38	组氨酸（mg/g）	2.36
Zn（mg/kg）	73.67	异亮氨酸（mg/g）	5.94	丝氨酸（mg/g）	7.34
Fe（mg/kg）	156.01	苯丙氨酸（mg/g）	7.68	谷氨酸（mg/g）	37.34
P（mg/kg）	8141.93	甲硫氨酸（mg/g）	0.28	天冬氨酸（mg/g）	11.15
Se（mg/kg）	0.085	缬氨酸（mg/g）	1.45	γ-氨基丁酸（mg/g）	4.796
VB$_1$（mg/kg）	946.11	胱氨酸（mg/g）	9.42	β-葡聚糖（mg/g）	27.61
VB$_2$（mg/kg）	188.38	酪氨酸（mg/g）	4.98		

五、DNA指纹条形码

六、附图

田间整体图片

田间穗部图片

籽粒图片

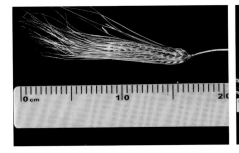

穗部图片

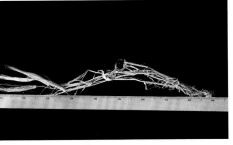

成熟期整株图片

BJX269

一、原产地：西藏措美

二、西藏保存编号：XZDM07628

三、形态特征及生物学特性

幼苗叶片、叶耳均为绿色。株高100.0cm，中等株型，第二茎秆直径3.68mm。全生育期为116d，单株穗数为3.2穗，穗姿下垂、六棱，穗和芒色为黄色，穗长6.4cm，每穗52.8粒。长芒、光芒，裸粒，粒呈褐色、椭圆形，千粒重为44.32g。

四、品质检测结果

项目	数值	项目	数值	项目	数值
蛋白质（%）	12.31	VB_6（mg/kg）	61.37	丙氨酸（mg/g）	4.28
淀粉（%）	67.91	VE（mg/kg）	272.66	精氨酸（mg/g）	4.99
纤维素（%）	15.55	脯氨酸（mg/g）	7.52	苏氨酸（mg/g）	4.61
木质素（%）	9.71	赖氨酸（mg/g）	3.74	甘氨酸（mg/g）	4.41
Ca（mg/kg）	1101.35	亮氨酸（mg/g）	7.89	组氨酸（mg/g）	1.39
Zn（mg/kg）	47.65	异亮氨酸（mg/g）	3.51	丝氨酸（mg/g）	4.29
Fe（mg/kg）	153.36	苯丙氨酸（mg/g）	4.37	谷氨酸（mg/g）	21.86
P（mg/kg）	4941.94	甲硫氨酸（mg/g）	0.32	天冬氨酸（mg/g）	7.19
Se（mg/kg）	0.301	缬氨酸（mg/g）	1.05	γ-氨基丁酸（mg/g）	4.400
VB_1（mg/kg）	935.44	胱氨酸（mg/g）	4.95	β-葡聚糖（mg/g）	29.92
VB_2（mg/kg）	266.36	酪氨酸（mg/g）	3.08		

五、DNA指纹条形码

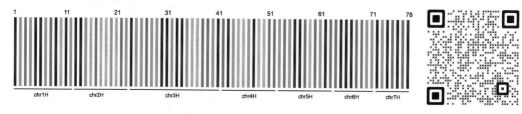

六、附图

田间整体图片

田间穗部图片

籽粒图片

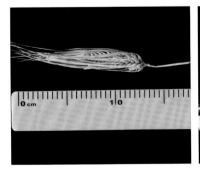

穗部图片

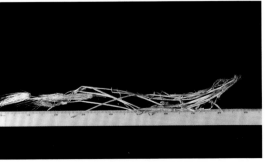

成熟期整株图片

BJX270

一、原产地：西藏措美

二、西藏保存编号：XZDM07629

三、形态特征及生物学特性

幼苗叶片、叶耳均为绿色。株高103.0cm，紧凑株型，第二茎秆直径4.15mm。全生育期为116d，单株穗数为7.0穗，穗姿下垂、六棱，穗和芒色为紫色，穗长7.8cm，每穗61.2粒。长芒、光芒，裸粒，粒呈紫色、椭圆形，千粒重为47.82g。

四、品质检测结果

项目	数值	项目	数值	项目	数值
蛋白质（%）	13.05	VB$_6$（mg/kg）	61.29	丙氨酸（mg/g）	4.75
淀粉（%）	67.96	VE（mg/kg）	285.46	精氨酸（mg/g）	5.69
纤维素（%）	20.15	脯氨酸（mg/g）	8.27	苏氨酸（mg/g）	4.24
木质素（%）	9.65	赖氨酸（mg/g）	3.49	甘氨酸（mg/g）	4.59
Ca（mg/kg）	1 116.53	亮氨酸（mg/g）	7.69	组氨酸（mg/g）	0.69
Zn（mg/kg）	48.34	异亮氨酸（mg/g）	3.95	丝氨酸（mg/g）	4.64
Fe（mg/kg）	93.41	苯丙氨酸（mg/g）	4.91	谷氨酸（mg/g）	25.33
P（mg/kg）	5 763.66	甲硫氨酸（mg/g）	0.29	天冬氨酸（mg/g）	6.93
Se（mg/kg）	0.212	缬氨酸（mg/g）	0.53	γ-氨基丁酸（mg/g）	3.084
VB$_1$（mg/kg）	922.83	胱氨酸（mg/g）	5.33	β-葡聚糖（mg/g）	33.71
VB$_2$（mg/kg）	263.82	酪氨酸（mg/g）	3.44		

五、DNA指纹条形码

六、附图

田间整体图片

田间穗部图片

籽粒图片

穗部图片

成熟期整株图片

山南市隆子县青稞资源简介

BJX271

一、原产地：西藏隆子

二、西藏保存编号：XZDM07630

三、形态特征及生物学特性

幼苗叶片、叶耳均为绿色。株高100.6cm，紧凑株型，第二茎秆直径3.09mm。全生育期为114d，单株穗数为3.2穗，穗姿下垂、六棱，穗和芒色为紫色，穗长5.0cm，每穗58.0粒。长芒、光芒，裸粒，粒呈紫色、椭圆形，千粒重为49.53g。

四、品质检测结果

项目	数值	项目	数值	项目	数值
蛋白质（%）	16.42	VB$_6$（mg/kg）	89.45	丙氨酸（mg/g）	5.23
淀粉（%）	59.68	VE（mg/kg）	290.59	精氨酸（mg/g）	6.17
纤维素（%）	22.76	脯氨酸（mg/g）	7.99	苏氨酸（mg/g）	4.38
木质素（%）	12.86	赖氨酸（mg/g）	3.81	甘氨酸（mg/g）	5.14
Ca（mg/kg）	1251.58	亮氨酸（mg/g）	7.88	组氨酸（mg/g）	1.19
Zn（mg/kg）	72.07	异亮氨酸（mg/g）	4.16	丝氨酸（mg/g）	5.54
Fe（mg/kg）	125.90	苯丙氨酸（mg/g）	5.11	谷氨酸（mg/g）	26.20
P（mg/kg）	8031.53	甲硫氨酸（mg/g）	0.31	天冬氨酸（mg/g）	7.43
Se（mg/kg）	0.249	缬氨酸（mg/g）	0.18	γ-氨基丁酸（mg/g）	5.086
VB$_1$（mg/kg）	1033.78	胱氨酸（mg/g）	6.45	β-葡聚糖（mg/g）	26.17
VB$_2$（mg/kg）	279.44	酪氨酸（mg/g）	3.45		

五、DNA指纹条形码

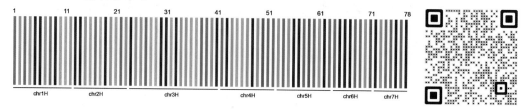

六、附图

田间整体图片

田间穗部图片

籽粒图片

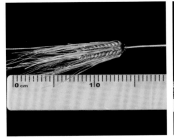

穗部图片

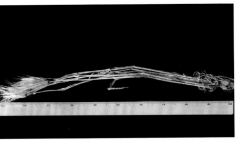

成熟期整株图片

BJX272

一、原产地：西藏隆子

二、西藏保存编号：XZDM07631

三、形态特征及生物学特性

幼苗叶片、叶耳均为绿色。株高97.9cm，中等株型，第二茎秆直径3.49mm。全生育期为116d，单株穗数为4.4穗，穗姿下垂、六棱，穗和芒色为黄色，穗长5.9cm，每穗53.7粒。短芒、光芒，裸粒，粒呈黄色、椭圆形，千粒重为38.95g。

四、品质检测结果

项目	数值	项目	数值	项目	数值
蛋白质（%）	11.50	VB$_6$（mg/kg）	69.31	丙氨酸（mg/g）	4.58
淀粉（%）	68.00	VE（mg/kg）	286.81	精氨酸（mg/g）	5.62
纤维素（%）	26.67	脯氨酸（mg/g）	3.51	苏氨酸（mg/g）	4.26
木质素（%）	11.54	赖氨酸（mg/g）	2.58	甘氨酸（mg/g）	4.51
Ca（mg/kg）	864.85	亮氨酸（mg/g）	7.60	组氨酸（mg/g）	0.79
Zn（mg/kg）	34.01	异亮氨酸（mg/g）	3.79	丝氨酸（mg/g）	4.56
Fe（mg/kg）	82.09	苯丙氨酸（mg/g）	4.85	谷氨酸（mg/g）	24.42
P（mg/kg）	4224.49	甲硫氨酸（mg/g）	0.29	天冬氨酸（mg/g）	6.77
Se（mg/kg）	0.386	缬氨酸（mg/g）	1.52	γ-氨基丁酸（mg/g）	4.779
VB$_1$（mg/kg）	1038.11	胱氨酸（mg/g）	6.14	β-葡聚糖（mg/g）	27.80
VB$_2$（mg/kg）	267.96	酪氨酸（mg/g）	3.25		

五、DNA指纹条形码

六、附图

田间整体图片

田间穗部图片

籽粒图片

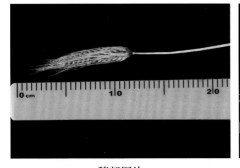

穗部图片

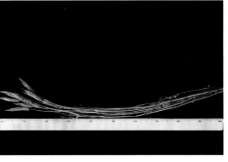

成熟期整株图片

BJX273

一、原产地：西藏隆子

二、西藏保存编号：XZDM07632

三、形态特征及生物学特性

幼苗叶片、叶耳均为绿色。株高107.0cm，中等株型，第二茎秆直径4.30mm。全生育期为114d，单株穗数为4.8穗，穗姿下垂、六棱，穗和芒色为黄色，穗长7.2cm，每穗67.2粒。长芒、光芒，裸粒，粒呈褐色、椭圆形，千粒重为43.42g。

四、品质检测结果

项目	数值	项目	数值	项目	数值
蛋白质（%）	14.83	VB$_6$（mg/kg）	67.91	丙氨酸（mg/g）	5.20
淀粉（%）	65.53	VE（mg/kg）	322.81	精氨酸（mg/g）	5.90
纤维素（%）	24.72	脯氨酸（mg/g）	5.32	苏氨酸（mg/g）	4.66
木质素（%）	30.60	赖氨酸（mg/g）	2.92	甘氨酸（mg/g）	4.72
Ca（mg/kg）	1233.42	亮氨酸（mg/g）	7.70	组氨酸（mg/g）	0.39
Zn（mg/kg）	57.22	异亮氨酸（mg/g）	4.06	丝氨酸（mg/g）	4.84
Fe（mg/kg）	175.19	苯丙氨酸（mg/g）	5.25	谷氨酸（mg/g）	25.40
P（mg/kg）	6921.52	甲硫氨酸（mg/g）	0.27	天冬氨酸（mg/g）	6.26
Se（mg/kg）	0.687	缬氨酸（mg/g）	0.56	γ-氨基丁酸（mg/g）	4.907
VB$_1$（mg/kg）	957.63	胱氨酸（mg/g）	6.39	β-葡聚糖（mg/g）	30.55
VB$_2$（mg/kg）	247.55	酪氨酸（mg/g）	3.27		

五、DNA指纹条形码

六、附图

田间整体图片

田间穗部图片

籽粒图片

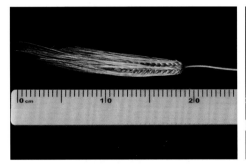

穗部图片

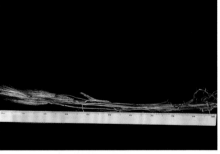

成熟期整株图片

BJX274

一、原产地：西藏隆子

二、西藏保存编号：XZDM07633

三、形态特征及生物学特性

幼苗叶片、叶耳均为绿色。株高109.8cm，紧凑株型，第二茎秆直径4.01mm。全生育期为119d，单株穗数为10.0穗，穗姿下垂、六棱，穗和芒色为紫色，穗长7.4cm，每穗62.0粒。长芒、光芒，裸粒，粒呈紫色、椭圆形，千粒重为43.03g。

四、品质检测结果

项目	数值	项目	数值	项目	数值
蛋白质（%）	11.04	VB$_6$（mg/kg）	69.92	丙氨酸（mg/g）	4.61
淀粉（%）	67.74	VE（mg/kg）	265.22	精氨酸（mg/g）	5.49
纤维素（%）	14.49	脯氨酸（mg/g）	5.21	苏氨酸（mg/g）	3.96
木质素（%）	8.44	赖氨酸（mg/g）	3.48	甘氨酸（mg/g）	4.50
Ca（mg/kg）	1 002.48	亮氨酸（mg/g）	7.07	组氨酸（mg/g）	0.48
Zn（mg/kg）	38.31	异亮氨酸（mg/g）	3.58	丝氨酸（mg/g）	4.15
Fe（mg/kg）	113.56	苯丙氨酸（mg/g）	4.25	谷氨酸（mg/g）	22.06
P（mg/kg）	4 512.13	甲硫氨酸（mg/g）	0.28	天冬氨酸（mg/g）	6.75
Se（mg/kg）	0.294	缬氨酸（mg/g）	0.30	γ-氨基丁酸（mg/g）	3.968
VB$_1$（mg/kg）	991.56	胱氨酸（mg/g）	5.31	β-葡聚糖（mg/g）	27.82
VB$_2$（mg/kg）	256.36	酪氨酸（mg/g）	3.04		

五、DNA指纹条形码

六、附图

田间整体图片

田间穗部图片

籽粒图片

穗部图片

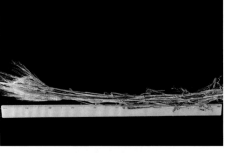

成熟期整株图片

BJX275

一、原产地：西藏隆子

二、西藏保存编号：XZDM07634

三、形态特征及生物学特性

幼苗叶片、叶耳均为绿色。株高104.0cm，紧凑株型，第二茎秆直径4.17mm。全生育期为114d，单株穗数为5.6穗，穗姿下垂、六棱，穗和芒色为紫色，穗长8.8cm，每穗67.6粒。长芒、光芒，裸粒，粒呈褐色、椭圆形，千粒重为41.95g。

四、品质检测结果

项目	数值	项目	数值	项目	数值
蛋白质（%）	15.02	VB_6（mg/kg）	66.77	丙氨酸（mg/g）	5.90
淀粉（%）	59.04	VE（mg/kg）	298.00	精氨酸（mg/g）	7.12
纤维素（%）	16.24	脯氨酸（mg/g）	6.81	苏氨酸（mg/g）	4.71
木质素（%）	11.71	赖氨酸（mg/g）	4.39	甘氨酸（mg/g）	5.78
Ca（mg/kg）	1217.21	亮氨酸（mg/g）	7.98	组氨酸（mg/g）	1.35
Zn（mg/kg）	63.87	异亮氨酸（mg/g）	4.16	丝氨酸（mg/g）	5.32
Fe（mg/kg）	129.69	苯丙氨酸（mg/g）	4.87	谷氨酸（mg/g）	23.82
P（mg/kg）	7474.40	甲硫氨酸（mg/g）	0.27	天冬氨酸（mg/g）	8.95
Se（mg/kg）	0.158	缬氨酸（mg/g）	0.63	γ-氨基丁酸（mg/g）	6.831
VB_1（mg/kg）	1144.09	胱氨酸（mg/g）	5.80	β-葡聚糖（mg/g）	24.85
VB_2（mg/kg）	259.97	酪氨酸（mg/g）	3.42		

五、DNA指纹条形码

六、附图

田间整体图片

田间穗部图片

籽粒图片

穗部图片

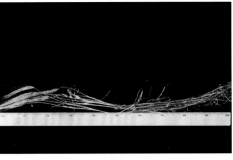

成熟期整株图片

BJX277

一、原产地：西藏隆子

二、西藏保存编号：XZDM07636

三、形态特征及生物学特性

幼苗叶片、叶耳均为绿色。株高98.6cm，中等株型，第二茎秆直径3.09mm。全生育期为114d，单株穗数为5.8穗，穗姿水平、六棱，穗和芒色为红色，穗长6.0cm，每穗63.0粒。长芒、光芒，裸粒，粒呈褐色、椭圆形，千粒重为41.57g。

四、品质检测结果

项目	数值	项目	数值	项目	数值
蛋白质（%）	15.61	VB_6（mg/kg）	71.75	丙氨酸（mg/g）	5.67
淀粉（%）	58.24	VE（mg/kg）	291.74	精氨酸（mg/g）	7.31
纤维素（%）	17.83	脯氨酸（mg/g）	8.23	苏氨酸（mg/g）	5.04
木质素（%）	9.61	赖氨酸（mg/g）	3.54	甘氨酸（mg/g）	5.46
Ca（mg/kg）	1 145.72	亮氨酸（mg/g）	8.50	组氨酸（mg/g）	0.64
Zn（mg/kg）	59.40	异亮氨酸（mg/g）	4.23	丝氨酸（mg/g）	5.46
Fe（mg/kg）	135.43	苯丙氨酸（mg/g）	5.75	谷氨酸（mg/g）	29.51
P（mg/kg）	6 510.03	甲硫氨酸（mg/g）	0.27	天冬氨酸（mg/g）	7.79
Se（mg/kg）	0.173	缬氨酸（mg/g）	1.29	γ-氨基丁酸（mg/g）	5.281
VB_1（mg/kg）	981.51	胱氨酸（mg/g）	6.59	β-葡聚糖（mg/g）	36.49
VB_2（mg/kg）	103.88	酪氨酸（mg/g）	3.77		

五、DNA指纹条形码

六、附图

田间整体图片

田间穗部图片

籽粒图片

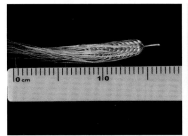

穗部图片

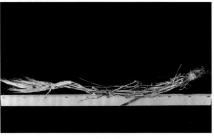

成熟期整株图片

阿里地区札达县青稞资源简介

BJX045

一、原产地：西藏扎达

二、国家统一编号：ZDM05489

三、形态特征及生物学特性

幼苗叶片、叶耳均为绿色。株高95.4cm，中等株型，第二茎秆直径4.05mm。全生育期为114d，单株穗数为10.8穗，穗姿下垂、六棱，穗和芒色为紫色，穗长7.6cm，每穗60.2粒。长芒、光芒、裸粒，粒呈黄色、长圆形，千粒重为50.20g。

四、品质检测结果

项目	数值	项目	数值	项目	数值
蛋白质（%）	13.71	VB_6（mg/kg）	56.96	丙氨酸（mg/g）	4.86
淀粉（%）	62.65	VE（mg/kg）	238.26	精氨酸（mg/g）	6.17
纤维素（%）	16.35	脯氨酸（mg/g）	5.71	苏氨酸（mg/g）	4.20
木质素（%）	13.11	赖氨酸（mg/g）	2.97	甘氨酸（mg/g）	4.80
Ca（mg/kg）	1401.80	亮氨酸（mg/g）	7.43	组氨酸（mg/g）	1.24
Zn（mg/kg）	57.74	异亮氨酸（mg/g）	3.76	丝氨酸（mg/g）	4.65
Fe（mg/kg）	140.32	苯丙氨酸（mg/g）	5.48	谷氨酸（mg/g）	28.38
P（mg/kg）	5205.87	甲硫氨酸（mg/g）	0.35	天冬氨酸（mg/g）	6.88
Se（mg/kg）	6.803	缬氨酸（mg/g）	0.93	γ-氨基丁酸（mg/g）	4.906
VB_1（mg/kg）	383.72	胱氨酸（mg/g）	5.95	β-葡聚糖（mg/g）	19.00
VB_2（mg/kg）	235.31	酪氨酸（mg/g）	3.21		

五、DNA指纹条形码

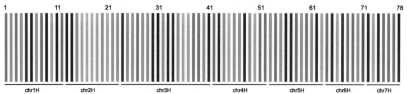

六、附图

田间整体图片

田间穗部图片

籽粒图片

穗部图片

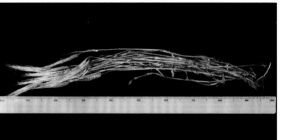

成熟期整株图片

BJX052

一、原产地：西藏扎达

二、国家统一编号：ZDM05691

三、形态特征及生物学特性

幼苗叶片、叶耳均为绿色。株高91.0cm，中等株型，第二茎秆直径4.10mm。全生育期为124d，单株穗数为2.0穗，穗姿下垂、六棱，穗和芒色为黄色，穗长6.5cm，每穗40.5粒。长芒、光芒，裸粒，粒呈褐色、长圆形，千粒重为43.87g。

四、品质检测结果

项目	数值	项目	数值	项目	数值
蛋白质（%）	13.64	VB$_6$（mg/kg）	47.77	丙氨酸（mg/g）	3.13
淀粉（%）	67.84	VE（mg/kg）	214.90	精氨酸（mg/g）	3.83
纤维素（%）	—	脯氨酸（mg/g）	2.78	苏氨酸（mg/g）	2.95
木质素（%）	—	赖氨酸（mg/g）	2.10	甘氨酸（mg/g）	3.40
Ca（mg/kg）	1082.99	亮氨酸（mg/g）	5.45	组氨酸（mg/g）	0.73
Zn（mg/kg）	39.94	异亮氨酸（mg/g）	2.63	丝氨酸（mg/g）	3.08
Fe（mg/kg）	103.22	苯丙氨酸（mg/g）	4.04	谷氨酸（mg/g）	21.69
P（mg/kg）	5080.39	甲硫氨酸（mg/g）	0.28	天冬氨酸（mg/g）	4.60
Se（mg/kg）	1.89	缬氨酸（mg/g）	0.31	γ-氨基丁酸（mg/g）	2.22
VB$_1$（mg/kg）	303.84	胱氨酸（mg/g）	3.28	β-葡聚糖（mg/g）	19.29
VB$_2$（mg/kg）	193.34	酪氨酸（mg/g）	2.26		

五、DNA指纹条形码

六、附图

田间整体图片

田间穗部图片

籽粒图片

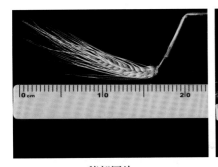

穗部图片

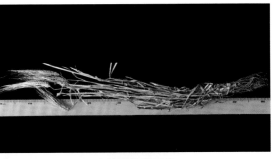

成熟期整株图片

BJX055

一、原产地：西藏扎达

二、国家统一编号：ZDM05729

三、形态特征及生物学特性

幼苗叶片、叶耳均为绿色。株高94.4cm，紧凑株型，第二茎秆直径3.39mm。全生育期为97d，单株穗数为4.4穗，穗姿水平、六棱，穗和芒色为黄色，穗长8.2cm，每穗60.4粒。长芒、光芒，裸粒，粒呈褐色、椭圆形，千粒重为40.50g。

四、品质检测结果

项目	数值	项目	数值	项目	数值
蛋白质（%）	10.93	VB$_6$（mg/kg）	44.82	丙氨酸（mg/g）	2.73
淀粉（%）	69.13	VE（mg/kg）	232.02	精氨酸（mg/g）	2.71
纤维素（%）	18.25	脯氨酸（mg/g）	5.56	苏氨酸（mg/g）	2.37
木质素（%）	12.55	赖氨酸（mg/g）	1.63	甘氨酸（mg/g）	2.95
Ca（mg/kg）	1079.96	亮氨酸（mg/g）	4.53	组氨酸（mg/g）	0.32
Zn（mg/kg）	32.71	异亮氨酸（mg/g）	2.37	丝氨酸（mg/g）	2.40
Fe（mg/kg）	118.64	苯丙氨酸（mg/g）	3.35	谷氨酸（mg/g）	17.07
P（mg/kg）	3416.41	甲硫氨酸（mg/g）	0.19	天冬氨酸（mg/g）	3.03
Se（mg/kg）	0.640	缬氨酸（mg/g）	0.10	γ-氨基丁酸（mg/g）	2.777
VB$_1$（mg/kg）	346.86	胱氨酸（mg/g）	2.71	β-葡聚糖（mg/g）	19.99
VB$_2$（mg/kg）	162.55	酪氨酸（mg/g）	1.96		

五、DNA指纹条形码

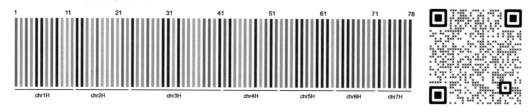

六、附图

田间整体图片

田间穗部图片

籽粒图片

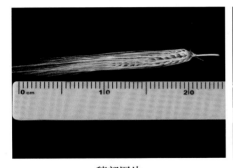

穗部图片

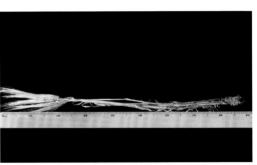

成熟期整株图片

BJX058

一、原产地：西藏扎达

二、国家统一编号：ZDM05807

三、形态特征及生物学特性

幼苗叶片、叶耳均为绿色。株高111.5cm，紧凑株型，第二茎秆直径2.50mm。全生育期为129d，单株穗数为8.0穗，穗姿下垂、六棱，穗和芒色为黄色，穗长8.5cm，每穗57.5粒。长芒、光芒，裸粒，粒呈褐色、长圆形，千粒重为42.96g。

四、品质检测结果

项目	数值	项目	数值	项目	数值
蛋白质（%）	12.05	VB$_6$（mg/kg）	47.43	丙氨酸（mg/g）	1.31
淀粉（%）	67.25	VE（mg/kg）	199.45	精氨酸（mg/g）	1.59
纤维素（%）	12.90	脯氨酸（mg/g）	5.63	苏氨酸（mg/g）	1.84
木质素（%）	13.45	赖氨酸（mg/g）	2.17	甘氨酸（mg/g）	1.83
Ca（mg/kg）	1033.32	亮氨酸（mg/g）	2.87	组氨酸（mg/g）	0.45
Zn（mg/kg）	88.67	异亮氨酸（mg/g）	2.00	丝氨酸（mg/g）	1.39
Fe（mg/kg）	93.13	苯丙氨酸（mg/g）	2.26	谷氨酸（mg/g）	14.56
P（mg/kg）	4383.53	甲硫氨酸（mg/g）	0.28	天冬氨酸（mg/g）	4.13
Se（mg/kg）	0.227	缬氨酸（mg/g）	0.07	γ-氨基丁酸（mg/g）	3.351
VB$_1$（mg/kg）	332.81	胱氨酸（mg/g）	1.13	β-葡聚糖（mg/g）	18.75
VB$_2$（mg/kg）	206.32	酪氨酸（mg/g）	1.28		

五、DNA指纹条形码

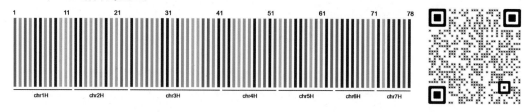

六、附图

田间整体图片

田间穗部图片　　　　　　　　　　籽粒图片

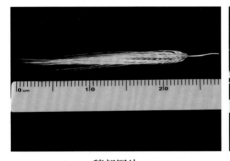

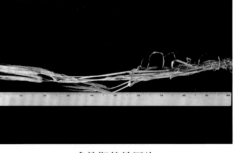

穗部图片　　　　　　　　　　成熟期整株图片

BJX067

一、原产地：西藏扎达

二、国家统一编号：ZDM06005

三、形态特征及生物学特性

幼苗叶片、叶耳均为绿色。株高96.3cm，紧凑株型，第二茎秆直径2.81mm。全生育期为97d，单株穗数为6.3穗，穗姿下垂、六棱，穗和芒色为黄色，穗长6.0cm，每穗45.3粒。长芒、光芒，裸粒，粒呈黄色、椭圆形，千粒重为34.34g。

四、品质检测结果

项目	数值	项目	数值	项目	数值
蛋白质（%）	10.62	VB$_6$（mg/kg）	51.84	丙氨酸（mg/g）	1.90
淀粉（%）	65.73	VE（mg/kg）	235.10	精氨酸（mg/g）	2.07
纤维素（%）	12.04	脯氨酸（mg/g）	5.51	苏氨酸（mg/g）	1.62
木质素（%）	13.38	赖氨酸（mg/g）	1.80	甘氨酸（mg/g）	2.31
Ca（mg/kg）	945.59	亮氨酸（mg/g）	2.99	组氨酸（mg/g）	0.16
Zn（mg/kg）	35.16	异亮氨酸（mg/g）	1.42	丝氨酸（mg/g）	1.78
Fe（mg/kg）	136.55	苯丙氨酸（mg/g）	2.18	谷氨酸（mg/g）	11.65
P（mg/kg）	3811.60	甲硫氨酸（mg/g）	0.17	天冬氨酸（mg/g）	2.69
Se（mg/kg）	0.24	缬氨酸（mg/g）	0.07	γ-氨基丁酸（mg/g）	2.47
VB$_1$（mg/kg）	440.54	胱氨酸（mg/g）	0.81	β-葡聚糖（mg/g）	16.68
VB$_2$（mg/kg）	313.14	酪氨酸（mg/g）	1.43		

五、附图

田间整体图片

田间穗部图片

籽粒图片

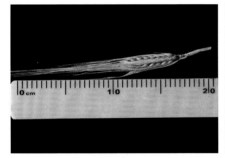

穗部图片

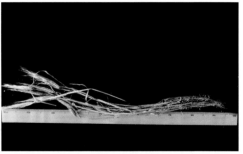

成熟期整株图片

BJX073

一、原产地：西藏扎达

二、国家统一编号：ZDM06109

三、形态特征及生物学特性

幼苗叶片、叶耳均为绿色。株高84.0cm，紧凑株型，第二茎秆直径4.21mm。全生育期为98d，单株穗数为5.5穗，穗姿直立、六棱，穗和芒色为黄色，穗长5.5cm，每穗51.0粒。长芒、光芒，裸粒，粒呈蓝色、椭圆形，千粒重为37.26g。

四、品质检测结果

项目	数值	项目	数值	项目	数值
蛋白质（%）	16.34	VB$_6$（mg/kg）	60.29	丙氨酸（mg/g）	4.35
淀粉（%）	63.35	VE（mg/kg）	239.56	精氨酸（mg/g）	5.46
纤维素（%）	8.69	脯氨酸（mg/g）	2.77	苏氨酸（mg/g）	4.42
木质素（%）	8.66	赖氨酸（mg/g）	1.80	甘氨酸（mg/g）	4.51
Ca（mg/kg）	1479.93	亮氨酸（mg/g）	7.61	组氨酸（mg/g）	1.35
Zn（mg/kg）	49.17	异亮氨酸（mg/g）	4.20	丝氨酸（mg/g）	4.51
Fe（mg/kg）	128.70	苯丙氨酸（mg/g）	6.27	谷氨酸（mg/g）	33.58
P（mg/kg）	4290.02	甲硫氨酸（mg/g）	0.59	天冬氨酸（mg/g）	5.80
Se（mg/kg）	1.10	缬氨酸（mg/g）	0.90	γ-氨基丁酸（mg/g）	3.53
VB$_1$（mg/kg）	494.58	胱氨酸（mg/g）	6.70	β-葡聚糖（mg/g）	17.38
VB$_2$（mg/kg）	331.05	酪氨酸（mg/g）	3.32		

五、附图

田间整体图片

田间穗部图片

籽粒图片

穗部图片

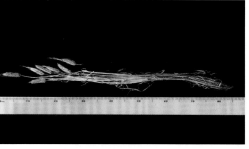

成熟期整株图片

BJX085

一、原产地：西藏扎达

二、国家统一编号：ZDM06475

三、形态特征及生物学特性

幼苗叶片、叶耳均为绿色。株高86.2cm，中等株型，第二茎秆直径4.55mm。全生育期为119d，单株穗数为5.0穗，穗姿水平、六棱，穗和芒色为黄色，穗长5.8cm，每穗50.4粒。长芒、光芒，裸粒，粒呈褐色、长圆形，千粒重为50.48g。

四、品质检测结果

项目	数值	项目	数值	项目	数值
蛋白质（%）	8.36	VB$_6$（mg/kg）	54.94	丙氨酸（mg/g）	2.15
淀粉（%）	68.53	VE（mg/kg）	204.01	精氨酸（mg/g）	2.19
纤维素（%）	18.08	脯氨酸（mg/g）	25.07	苏氨酸（mg/g）	1.90
木质素（%）	11.30	赖氨酸（mg/g）	3.30	甘氨酸（mg/g）	2.31
Ca（mg/kg）	845.87	亮氨酸（mg/g）	3.73	组氨酸（mg/g）	0.07
Zn（mg/kg）	33.22	异亮氨酸（mg/g）	1.79	丝氨酸（mg/g）	2.03
Fe（mg/kg）	80.12	苯丙氨酸（mg/g）	2.30	谷氨酸（mg/g）	16.36
P（mg/kg）	2982.41	甲硫氨酸（mg/g）	0.78	天冬氨酸（mg/g）	0.90
Se（mg/kg）	0.607	缬氨酸（mg/g）	0.31	γ-氨基丁酸（mg/g）	2.756
VB$_1$（mg/kg）	401.33	胱氨酸（mg/g）	2.07	β-葡聚糖（mg/g）	19.12
VB$_2$（mg/kg）	175.92	酪氨酸（mg/g）	1.39		

五、DNA指纹条形码

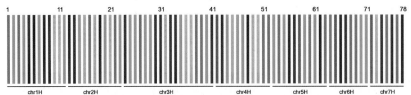

六、附图

田间整体图片

田间穗部图片

籽粒图片

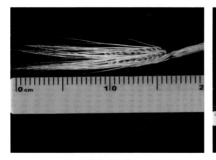

穗部图片

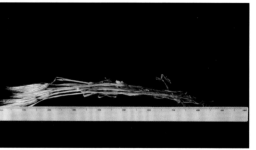

成熟期整株图片

BJX086

一、原产地：西藏扎达

二、国家统一编号：ZDM06476

三、形态特征及生物学特性

幼苗叶片、叶耳均为绿色。株高101.6cm，紧凑株型，第二茎秆直径4.12mm。全生育期为112d，单株穗数为4.4穗，穗姿下垂、六棱，穗和芒色为黄色、黑色，穗长4.6cm，每穗42.8粒。长芒、光芒、裸粒，粒呈蓝色、椭圆形，千粒重为36.88g。

四、品质检测结果

项目	数值	项目	数值	项目	数值
蛋白质（%）	10.73	VB$_6$（mg/kg）	59.32	丙氨酸（mg/g）	2.25
淀粉（%）	65.95	VE（mg/kg）	206.79	精氨酸（mg/g）	1.97
纤维素（%）	17.33	脯氨酸（mg/g）	48.20	苏氨酸（mg/g）	1.94
木质素（%）	10.72	赖氨酸（mg/g）	3.07	甘氨酸（mg/g）	2.28
Ca（mg/kg）	1060.64	亮氨酸（mg/g）	3.66	组氨酸（mg/g）	0.12
Zn（mg/kg）	32.18	异亮氨酸（mg/g）	1.58	丝氨酸（mg/g）	2.14
Fe（mg/kg）	105.20	苯丙氨酸（mg/g）	2.29	谷氨酸（mg/g）	15.83
P（mg/kg）	4435.64	甲硫氨酸（mg/g）	0.65	天冬氨酸（mg/g）	1.23
Se（mg/kg）	1.273	缬氨酸（mg/g）	0.12	γ-氨基丁酸（mg/g）	2.791
VB$_1$（mg/kg）	376.19	胱氨酸（mg/g）	0.78	β-葡聚糖（mg/g）	20.29
VB$_2$（mg/kg）	233.92	酪氨酸（mg/g）	1.28		

五、DNA指纹条形码

六、附图

田间整体图片

田间穗部图片

籽粒图片

穗部图片

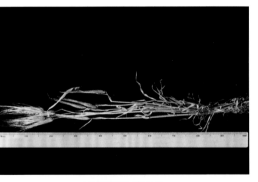

成熟期整株图片

BJX087

一、原产地：西藏扎达

二、国家统一编号：ZDM06477

三、形态特征及生物学特性

幼苗叶片、叶耳均为绿色。株高91.3cm，中等株型，第二茎秆直径4.32mm。全生育期为119d，单株穗数为8.5穗，穗姿水平、六棱，穗和芒色为紫色，旗叶紫色，穗长8.0cm，每穗64.0粒。短芒、光芒，裸粒，粒呈紫色、椭圆形，千粒重为38.45g。

四、品质检测结果

项目	数值	项目	数值	项目	数值
蛋白质（%）	14.34	VB$_6$（mg/kg）	53.37	丙氨酸（mg/g）	3.73
淀粉（%）	60.80	VE（mg/kg）	269.85	精氨酸（mg/g）	4.37
纤维素（%）	20.59	脯氨酸（mg/g）	60.55	苏氨酸（mg/g）	3.03
木质素（%）	13.49	赖氨酸（mg/g）	3.77	甘氨酸（mg/g）	4.06
Ca（mg/kg）	1 094.50	亮氨酸（mg/g）	5.46	组氨酸（mg/g）	0.43
Zn（mg/kg）	47.51	异亮氨酸（mg/g）	2.71	丝氨酸（mg/g）	3.22
Fe（mg/kg）	114.54	苯丙氨酸（mg/g）	3.38	谷氨酸（mg/g）	19.60
P（mg/kg）	5 526.45	甲硫氨酸（mg/g）	1.22	天冬氨酸（mg/g）	1.38
Se（mg/kg）	1.238	缬氨酸（mg/g）	0.29	γ-氨基丁酸（mg/g）	3.920
VB$_1$（mg/kg）	798.23	胱氨酸（mg/g）	3.72	β-葡聚糖（mg/g）	23.17
VB$_2$（mg/kg）	329.51	酪氨酸（mg/g）	1.97		

五、DNA指纹条形码

六、附图

田间整体图片

田间穗部图片

籽粒图片

穗部图片

成熟期整株图片

BJX252

一、原产地：西藏扎达

二、西藏保存编号：XZDM07611

三、形态特征及生物学特性

幼苗叶片、叶耳均为绿色。株高88.3cm，中等株型，第二茎秆直径3.67mm。全生育期为99d，单株穗数为3.7穗，穗姿水平、六棱，穗和芒色为黄色，穗长4.3cm，每穗54.7粒。长芒、光芒，裸粒，粒呈褐色、椭圆形，千粒重为41.97g。

四、品质检测结果

项目	数值	项目	数值	项目	数值
蛋白质（%）	19.14	VB$_6$（mg/kg）	64.01	丙氨酸（mg/g）	5.50
淀粉（%）	68.86	VE（mg/kg）	334.19	精氨酸（mg/g）	6.98
纤维素（%）	20.05	脯氨酸（mg/g）	12.25	苏氨酸（mg/g）	5.02
木质素（%）	8.21	赖氨酸（mg/g）	4.26	甘氨酸（mg/g）	5.52
Ca（mg/kg）	1011.73	亮氨酸（mg/g）	9.72	组氨酸（mg/g）	1.69
Zn（mg/kg）	52.42	异亮氨酸（mg/g）	5.13	丝氨酸（mg/g）	5.73
Fe（mg/kg）	101.72	苯丙氨酸（mg/g）	7.33	谷氨酸（mg/g）	37.45
P（mg/kg）	5335.09	甲硫氨酸（mg/g）	0.29	天冬氨酸（mg/g）	8.25
Se（mg/kg）	0.360	缬氨酸（mg/g）	0.83	γ-氨基丁酸（mg/g）	7.139
VB$_1$（mg/kg）	990.42	胱氨酸（mg/g）	7.14	β-葡聚糖（mg/g）	28.04
VB$_2$（mg/kg）	200.20	酪氨酸（mg/g）	4.05		

五、DNA指纹条形码

六、附图

田间整体图片

田间穗部图片

籽粒图片

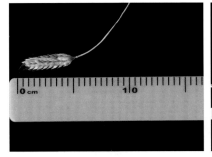

穗部图片

成熟期整株图片

BJX254

一、原产地：西藏扎达

二、国家统一编号：XZDM07613

三、形态特征及生物学特性

幼苗叶片、叶耳均为绿色。株高95.8cm，紧凑株型，第二茎秆直径3.70mm。全生育期为119d，单株穗数为6.5穗，穗姿水平、六棱，穗和芒色为黄色，穗长8.8cm，每穗61.8粒。长芒、光芒，裸粒，粒呈褐色、椭圆形，千粒重为39.02g。

四、品质检测结果

项目	数值	项目	数值	项目	数值
蛋白质（%）	13.24	VB$_6$（mg/kg）	55.59	丙氨酸（mg/g）	4.33
淀粉（%）	69.81	VE（mg/kg）	285.93	精氨酸（mg/g）	5.50
纤维素（%）	32.76	脯氨酸（mg/g）	7.40	苏氨酸（mg/g）	3.67
木质素（%）	10.07	赖氨酸（mg/g）	3.70	甘氨酸（mg/g）	4.24
Ca（mg/kg）	1 192.48	亮氨酸（mg/g）	6.81	组氨酸（mg/g）	0.79
Zn（mg/kg）	39.83	异亮氨酸（mg/g）	3.50	丝氨酸（mg/g）	4.14
Fe（mg/kg）	85.35	苯丙氨酸（mg/g）	4.81	谷氨酸（mg/g）	22.84
P（mg/kg）	4 792.18	甲硫氨酸（mg/g）	0.31	天冬氨酸（mg/g）	6.33
Se（mg/kg）	0.10	缬氨酸（mg/g）	0.58	γ-氨基丁酸（mg/g）	5.13
VB$_1$（mg/kg）	796.47	胱氨酸（mg/g）	5.39	β-葡聚糖（mg/g）	31.94
VB$_2$（mg/kg）	209.73	酪氨酸（mg/g）	3.07		

五、DNA指纹条形码

六、附图

田间整体图片

田间穗部图片

籽粒图片

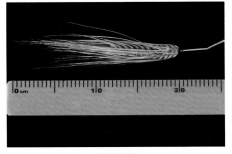

穗部图片

成熟期整株图片

BJX255

一、原产地：西藏扎达

二、西藏保存编号：XZDM07614

三、形态特征及生物学特性

幼苗叶片、叶耳均为绿色。株高102.6cm，紧凑株型，第二茎秆直径3.30mm。全生育期为119d，单株穗数为9.2穗，穗姿水平、六棱，穗和芒色为紫色，穗长8.0cm，每穗63.4粒。长芒、光芒，裸粒，粒呈蓝色、长圆形，千粒重为40.21g。

四、品质检测结果

项目	数值	项目	数值	项目	数值
蛋白质（%）	12.31	VB$_6$（mg/kg）	60.55	丙氨酸（mg/g）	4.81
淀粉（%）	67.43	VE（mg/kg）	304.67	精氨酸（mg/g）	5.53
纤维素（%）	16.15	脯氨酸（mg/g）	5.74	苏氨酸（mg/g）	4.18
木质素（%）	11.52	赖氨酸（mg/g）	3.33	甘氨酸（mg/g）	4.70
Ca（mg/kg）	1 198.91	亮氨酸（mg/g）	7.32	组氨酸（mg/g）	0.27
Zn（mg/kg）	44.49	异亮氨酸（mg/g）	3.87	丝氨酸（mg/g）	4.52
Fe（mg/kg）	134.76	苯丙氨酸（mg/g）	5.00	谷氨酸（mg/g）	22.31
P（mg/kg）	5 256.08	甲硫氨酸（mg/g）	0.27	天冬氨酸（mg/g）	5.86
Se（mg/kg）	0.092	缬氨酸（mg/g）	0.48	γ - 氨基丁酸（mg/g）	6.888
VB$_1$（mg/kg）	1 037.47	胱氨酸（mg/g）	5.14	β - 葡聚糖（mg/g）	24.23
VB$_2$（mg/kg）	249.66	酪氨酸（mg/g）	3.24		

五、DNA指纹条形码

六、附图

田间整体图片

田间穗部图片

籽粒图片

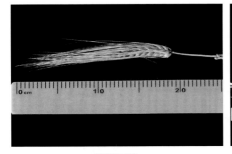

穗部图片

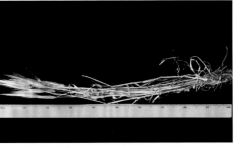

成熟期整株图片

BJX257

一、原产地：西藏扎达

二、西藏保存编号：XZDM07616

三、形态特征及生物学特性

幼苗叶片、叶耳均为绿色。株高102.4cm，紧凑株型，第二茎秆直径4.36mm。全生育期为103d，单株穗数为4.6穗，穗姿下垂、六棱，穗和芒色为黄色，穗长7.4cm，每穗56.4粒。长芒、光芒，裸粒，粒呈褐色、椭圆形，千粒重为49.96g。

四、品质检测结果

项目	数值	项目	数值	项目	数值
蛋白质（%）	14.70	VB$_6$（mg/kg）	52.94	丙氨酸（mg/g）	5.60
淀粉（%）	67.01	VE（mg/kg）	260.86	精氨酸（mg/g）	6.84
纤维素（%）	15.11	脯氨酸（mg/g）	8.57	苏氨酸（mg/g）	5.07
木质素（%）	9.57%	赖氨酸（mg/g）	3.95	甘氨酸（mg/g）	5.64
Ca（mg/kg）	1070.35	亮氨酸（mg/g）	8.80	组氨酸（mg/g）	0.79
Zn（mg/kg）	45.68	异亮氨酸（mg/g）	4.63	丝氨酸（mg/g）	5.35
Fe（mg/kg）	119.11	苯丙氨酸（mg/g）	5.92	谷氨酸（mg/g）	28.96
P（mg/kg）	5765.13	甲硫氨酸（mg/g）	0.29	天冬氨酸（mg/g）	7.31
Se（mg/kg）	0.279	缬氨酸（mg/g）	1.11	γ-氨基丁酸（mg/g）	4.628
VB$_1$（mg/kg）	1020.72	胱氨酸（mg/g）	7.36	β-葡聚糖（mg/g）	27.01
VB$_2$（mg/kg）	253.20	酪氨酸（mg/g）	4.15		

五、DNA指纹条形码

六、附图

田间整体图片

田间穗部图片

籽粒图片

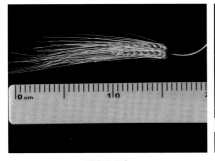

穗部图片

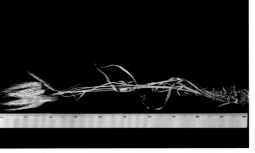

成熟期整株图片

BJX259

一、原产地：西藏扎达

二、西藏保存编号：XZDM07618

三、形态特征及生物学特性

幼苗叶片、叶耳均为绿色。株高103.2cm，紧凑株型，第二茎秆直径3.85mm。全生育期为114d，单株穗数为3.8穗，穗姿下垂、六棱，穗和芒色为黄色，穗长8.2cm，每穗60.6粒。长芒、光芒，裸粒，粒呈蓝色、椭圆形，千粒重为41.04g。

四、品质检测结果

项目	数值	项目	数值	项目	数值
蛋白质（%）	13.70	VB₆（mg/kg）	66.79	丙氨酸（mg/g）	4.50
淀粉（%）	66.13	VE（mg/kg）	269.08	精氨酸（mg/g）	5.28
纤维素（%）	15.07	脯氨酸（mg/g）	7.72	苏氨酸（mg/g）	3.97
木质素（%）	13.24%	赖氨酸（mg/g）	3.66	甘氨酸（mg/g）	4.49
Ca（mg/kg）	1080.95	亮氨酸（mg/g）	7.25	组氨酸（mg/g）	0.36
Zn（mg/kg）	45.97	异亮氨酸（mg/g）	3.60	丝氨酸（mg/g）	4.60
Fe（mg/kg）	113.89	苯丙氨酸（mg/g）	4.93	谷氨酸（mg/g）	23.26
P（mg/kg）	5722.68	甲硫氨酸（mg/g）	0.29	天冬氨酸（mg/g）	6.46
Se（mg/kg）	0.990	缬氨酸（mg/g）	0.71	γ-氨基丁酸（mg/g）	4.405
VB₁（mg/kg）	1045.42	胱氨酸（mg/g）	5.94	β-葡聚糖（mg/g）	28.35
VB₂（mg/kg）	279.42	酪氨酸（mg/g）	3.16		

五、DNA指纹条形码

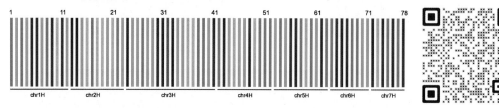

六、附图

田间整体图片

田间穗部图片

籽粒图片

穗部图片

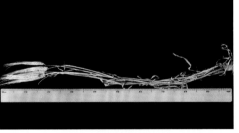

成熟期整株图片

阿里地区普兰县青稞资源简介

BJX017

一、原产地：西藏普兰

二、国家统一编号：ZDM04812

三、形态特征及生物学特性

幼苗叶片、叶耳均为绿色。株高102.3cm，中等株型，第二茎秆直径3.78mm。全生育期为112d，单株穗数为7.3穗，穗姿水平、六棱，穗和芒色为黄色，穗长8.3cm，每穗63.0粒。长芒、光芒，裸粒，粒呈黄色、椭圆形，千粒重为53.85g。

四、品质检测结果

项目	数值	项目	数值	项目	数值
蛋白质（%）	17.03	VB_6（mg/kg）	45.28	丙氨酸（mg/g）	6.55
淀粉（%）	44.10	VE（mg/kg）	256.06	精氨酸（mg/g）	8.44
纤维素（%）	14.73	脯氨酸（mg/g）	17.77	苏氨酸（mg/g）	4.32
木质素（%）	14.18	赖氨酸（mg/g）	3.18	甘氨酸（mg/g）	6.58
Ca（mg/kg）	1 151.13	亮氨酸（mg/g）	9.07	组氨酸（mg/g）	2.01
Zn（mg/kg）	68.05	异亮氨酸（mg/g）	4.75	丝氨酸（mg/g）	5.31
Fe（mg/kg）	147.68	苯丙氨酸（mg/g）	7.00	谷氨酸（mg/g）	33.60
P（mg/kg）	9 154.34	甲硫氨酸（mg/g）	1.45	天冬氨酸（mg/g）	9.22
Se（mg/kg）	1.179	缬氨酸（mg/g）	1.91	γ-氨基丁酸（mg/g）	5.379
VB_1（mg/kg）	440.48	胱氨酸（mg/g）	8.33	β-葡聚糖（mg/g）	19.02
VB_2（mg/kg）	216.27	酪氨酸（mg/g）	3.66		

五、DNA指纹条形码

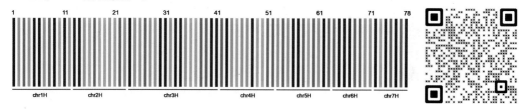

六、附图

田间整体图片

田间穗部图片

籽粒图片

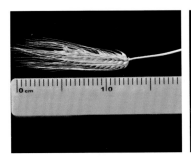

穗部图片

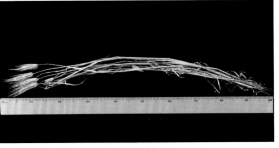

成熟期整株图片

BJX018

一、原产地：西藏普兰

二、国家统一编号：ZDM04813

三、形态特征及生物学特性

幼苗叶片、叶耳均为绿色。株高101.3cm，中等株型，第二茎秆直径5.83mm。全生育期为112d，单株穗数为5.0穗，穗姿直立、六棱，穗和芒色为紫色，穗长5.0cm，每穗55.5粒。长芒、光芒，裸粒，粒呈紫色、椭圆形，千粒重为50.89g。

四、品质检测结果

项目	数值	项目	数值	项目	数值
蛋白质（%）	16.79	VB$_6$（mg/kg）	45.17	丙氨酸（mg/g）	6.19
淀粉（%）	48.95	VE（mg/kg）	222.46	精氨酸（mg/g）	7.63
纤维素（%）	10.58%	脯氨酸（mg/g）	16.98	苏氨酸（mg/g）	4.26
木质素（%）	11.97	赖氨酸（mg/g）	3.54	甘氨酸（mg/g）	6.36
Ca（mg/kg）	1 545.70	亮氨酸（mg/g）	8.42	组氨酸（mg/g）	1.91
Zn（mg/kg）	61.74	异亮氨酸（mg/g）	4.36	丝氨酸（mg/g）	4.87
Fe（mg/kg）	148.52	苯丙氨酸（mg/g）	6.76	谷氨酸（mg/g）	33.21
P（mg/kg）	8 230.43	甲硫氨酸（mg/g）	1.51	天冬氨酸（mg/g）	9.07
Se（mg/kg）	0.783	缬氨酸（mg/g）	1.88	γ-氨基丁酸（mg/g）	6.047
VB$_1$（mg/kg）	345.98	胱氨酸（mg/g）	7.85	β-葡聚糖（mg/g）	20.37
VB$_2$（mg/kg）	204.08	酪氨酸（mg/g）	2.86		

五、DNA指纹条形码

六、附图

田间整体图片

田间穗部图片

籽粒图片

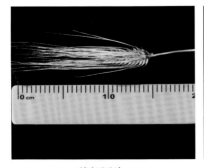

穗部图片

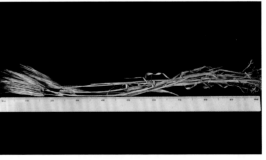

成熟期整株图片

BJX035

一、原产地：西藏普兰

二、国家统一编号：ZDM04904

三、形态特征及生物学特性

幼苗叶片、叶耳均为绿色。株高93.2cm，紧凑株型，第二茎秆直径4.06mm。全生育期为112d，单株穗数为9.2穗，穗姿下垂、六棱，穗和芒色为黄色，穗长8.8cm，每穗44.4粒。长芒、光芒，裸粒，粒呈褐色、椭圆形，千粒重为45.38g。

四、品质检测结果

项目	数值	项目	数值	项目	数值
蛋白质（%）	14.00	VB$_6$（mg/kg）	46.17	丙氨酸（mg/g）	5.75
淀粉（%）	54.39	VE（mg/kg）	243.14	精氨酸（mg/g）	5.69
纤维素（%）	18.86	脯氨酸（mg/g）	23.07	苏氨酸（mg/g）	6.50
木质素（%）	15.83	赖氨酸（mg/g）	6.09	甘氨酸（mg/g）	5.77
Ca（mg/kg）	1076.63	亮氨酸（mg/g）	8.26	组氨酸（mg/g）	1.92
Zn（mg/kg）	55.48	异亮氨酸（mg/g）	4.12	丝氨酸（mg/g）	4.69
Fe（mg/kg）	97.79	苯丙氨酸（mg/g）	6.16	谷氨酸（mg/g）	32.45
P（mg/kg）	6436.30	甲硫氨酸（mg/g）	0.54	天冬氨酸（mg/g）	3.07
Se（mg/kg）	1.251	缬氨酸（mg/g）	3.31	γ-氨基丁酸（mg/g）	3.522
VB$_1$（mg/kg）	495.17	胱氨酸（mg/g）	7.70	β-葡聚糖（mg/g）	22.26
VB$_2$（mg/kg）	244.27	酪氨酸（mg/g）	5.17		

五、DNA指纹条形码

六、附图

田间整体图片

田间穗部图片

籽粒图片

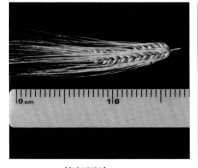

穗部图片

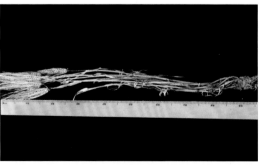

成熟期整株图片

BJX036

一、原产地：西藏普兰

二、国家统一编号：ZDM04905

三、形态特征及生物学特性

幼苗叶片、叶耳均为绿色。株高87.8cm，紧凑株型，第二茎秆直径3.08mm。全生育期为97d，单株穗数为4.4穗，穗姿下垂、六棱，穗和芒色为黄色，穗长5.6cm，每穗51.6粒。长芒、光芒，裸粒，粒呈蓝色、椭圆形，千粒重为51.17g。

四、品质检测结果

项目	数值	项目	数值	项目	数值
蛋白质（%）	14.80	VB$_6$（mg/kg）	47.22	丙氨酸（mg/g）	5.39
淀粉（%）	55.93	VE（mg/kg）	225.09	精氨酸（mg/g）	6.58
纤维素（%）	15.95	脯氨酸（mg/g）	20.90	苏氨酸（mg/g）	4.41
木质素（%）	15.63	赖氨酸（mg/g）	5.78	甘氨酸（mg/g）	6.06
Ca（mg/kg）	1536.40	亮氨酸（mg/g）	7.66	组氨酸（mg/g）	1.07
Zn（mg/kg）	72.27	异亮氨酸（mg/g）	4.17	丝氨酸（mg/g）	4.93
Fe（mg/kg）	201.82	苯丙氨酸（mg/g）	5.81	谷氨酸（mg/g）	26.46
P（mg/kg）	7317.99	甲硫氨酸（mg/g）	0.42	天冬氨酸（mg/g）	2.39
Se（mg/kg）	0.804	缬氨酸（mg/g）	2.72	γ-氨基丁酸（mg/g）	4.154
VB$_1$（mg/kg）	461.49	胱氨酸（mg/g）	6.55	β-葡聚糖（mg/g）	13.79
VB$_2$（mg/kg）	227.38	酪氨酸（mg/g）	3.11		

五、DNA指纹条形码

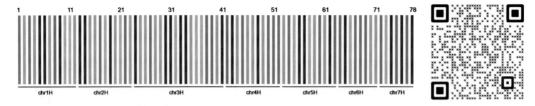

六、附图

田间整体图片

田间穗部图片

籽粒图片

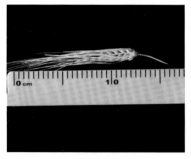

穗部图片

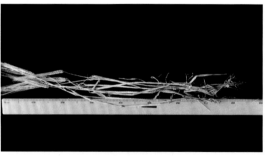

成熟期整株图片

BJX037

一、原产地：西藏普兰

二、国家统一编号：ZDM04906

三、形态特征及生物学特性

幼苗叶片、叶耳均为绿色。株高102.8cm，中等株型，第二茎秆直径3.54mm。全生育期为98d，单株穗数为3.6穗，穗姿下垂、六棱，穗和芒色为黄色，穗长9.4cm，每穗64.0粒。长芒、光芒，裸粒，粒呈褐色、长圆形，千粒重为46.45g。

四、品质检测结果

项目	数值	项目	数值	项目	数值
蛋白质（%）	17.37	VB$_6$（mg/kg）	49.01	丙氨酸（mg/g）	6.86
淀粉（%）	65.76	VE（mg/kg）	243.59	精氨酸（mg/g）	8.27
纤维素（%）	17.52	脯氨酸（mg/g）	29.66	苏氨酸（mg/g）	5.46
木质素（%）	14.56	赖氨酸（mg/g）	5.20	甘氨酸（mg/g）	7.39
Ca（mg/kg）	1 033.13	亮氨酸（mg/g）	10.35	组氨酸（mg/g）	0.82
Zn（mg/kg）	56.17	异亮氨酸（mg/g）	5.44	丝氨酸（mg/g）	6.31
Fe（mg/kg）	132.50	苯丙氨酸（mg/g）	8.81	谷氨酸（mg/g）	40.34
P（mg/kg）	6 281.81	甲硫氨酸（mg/g）	0.59	天冬氨酸（mg/g）	5.89
Se（mg/kg）	3.443	缬氨酸（mg/g）	3.37	γ-氨基丁酸（mg/g）	3.688
VB$_1$（mg/kg）	526.18	胱氨酸（mg/g）	9.33	β-葡聚糖（mg/g）	17.66
VB$_2$（mg/kg）	259.43	酪氨酸（mg/g）	3.91		

五、DNA指纹条形码

六、附图

田间整体图片

田间穗部图片

籽粒图片

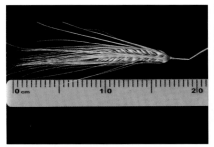

穗部图片

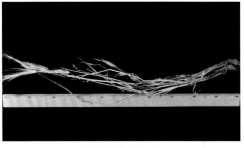

成熟期整株图片

BJX038

一、原产地：西藏普兰

二、国家统一编号：ZDM04907

三、形态特征及生物学特性

幼苗叶片、叶耳均为绿色。株高90.4cm，紧凑株型，第二茎秆直径3.51mm。全生育期为119d，单株穗数为4.8穗，穗姿水平、六棱，穗和芒色为黄色，穗长5.4cm，每穗48.8粒。长芒、光芒，裸粒，粒呈褐色、椭圆形，千粒重为48.34g。

四、品质检测结果

项目	数值	项目	数值	项目	数值
蛋白质（%）	17.18	VB$_6$（mg/kg）	49.48	丙氨酸（mg/g）	6.63
淀粉（%）	64.31	VE（mg/kg）	213.29	精氨酸（mg/g）	8.01
纤维素（%）	16.78	脯氨酸（mg/g）	36.84	苏氨酸（mg/g）	4.75
木质素（%）	12.15	赖氨酸（mg/g）	4.65	甘氨酸（mg/g）	7.04
Ca（mg/kg）	1245.68	亮氨酸（mg/g）	9.72	组氨酸（mg/g）	0.32
Zn（mg/kg）	59.13	异亮氨酸（mg/g）	4.73	丝氨酸（mg/g）	5.94
Fe（mg/kg）	136.84	苯丙氨酸（mg/g）	7.65	谷氨酸（mg/g）	34.05
P（mg/kg）	6726.84	甲硫氨酸（mg/g）	0.74	天冬氨酸（mg/g）	1.81
Se（mg/kg）	3.224	缬氨酸（mg/g）	3.62	γ-氨基丁酸（mg/g）	5.377
VB$_1$（mg/kg）	382.00	胱氨酸（mg/g）	8.48	β-葡聚糖（mg/g）	22.52
VB$_2$（mg/kg）	208.52	酪氨酸（mg/g）	3.89		

五、DNA指纹条形码

六、附图

田间整体图片

田间穗部图片

籽粒图片

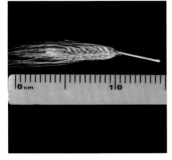

穗部图片

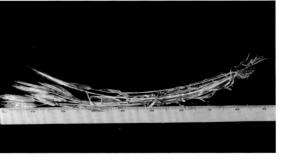

成熟期整株图片

BJX040

一、原产地：西藏普兰

二、国家统一编号：ZDM05166

三、形态特征及生物学特性

幼苗叶片、叶耳均为绿色。株高97.8cm，中等株型，第二茎秆直径3.58mm。全生育期为102d，单株穗数为3.3穗，穗姿水平、六棱，穗和芒色为黄色，穗长6.0cm，每穗52.3粒。长芒、光芒、裸粒，粒呈黄色、椭圆形，千粒重为41.27g。

四、品质检测结果

项目	数值	项目	数值	项目	数值
蛋白质（%）	14.49	VB_6（mg/kg）	59.71	丙氨酸（mg/g）	5.51
淀粉（%）	67.96	VE（mg/kg）	299.35	精氨酸（mg/g）	6.75
纤维素（%）	13.24	脯氨酸（mg/g）	20.78	苏氨酸（mg/g）	4.41
木质素（%）	12.26	赖氨酸（mg/g）	5.02	甘氨酸（mg/g）	6.35
Ca（mg/kg）	878.73	亮氨酸（mg/g）	7.88	组氨酸（mg/g）	1.00
Zn（mg/kg）	51.16	异亮氨酸（mg/g）	3.95	丝氨酸（mg/g）	4.89
Fe（mg/kg）	106.11	苯丙氨酸（mg/g）	6.58	谷氨酸（mg/g）	29.95
P（mg/kg）	5499.76	甲硫氨酸（mg/g）	0.20	天冬氨酸（mg/g）	2.23
Se（mg/kg）	8.583	缬氨酸（mg/g）	2.66	γ-氨基丁酸（mg/g）	3.932
VB_1（mg/kg）	352.97	胱氨酸（mg/g）	6.79	β-葡聚糖（mg/g）	22.00
VB_2（mg/kg）	226.18	酪氨酸（mg/g）	3.56		

五、DNA指纹条形码

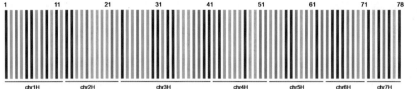

六、附图

田间整体图片

田间穗部图片

籽粒图片

穗部图片

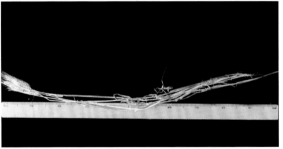

成熟期整株图片

BJX071

一、原产地：西藏普兰

二、国家统一编号：ZDM06088

三、形态特征及生物学特性

幼苗叶片、叶耳均为绿色。株高97.8cm，中等株型，第二茎秆直径3.95mm。全生育期为103d，单株穗数为4.4穗，穗姿下垂、六棱，穗和芒色为黄色，穗长7.2cm，每穗55.0粒。长芒、光芒，裸粒，粒呈黄色、椭圆形，千粒重为53.03g。

四、品质检测结果

项目	数值	项目	数值	项目	数值
蛋白质（%）	17.70	VB_6（mg/kg）	54.61	丙氨酸（mg/g）	2.95
淀粉（%）	66.90	VE（mg/kg）	257.59	精氨酸（mg/g）	1.27
纤维素（%）	11.96	脯氨酸（mg/g）	3.81	苏氨酸（mg/g）	3.49
木质素（%）	12.93	赖氨酸（mg/g）	1.74	甘氨酸（mg/g）	3.75
Ca（mg/kg）	1 127.29	亮氨酸（mg/g）	5.55	组氨酸（mg/g）	0.46
Zn（mg/kg）	60.03	异亮氨酸（mg/g）	2.14	丝氨酸（mg/g）	2.89
Fe（mg/kg）	142.72	苯丙氨酸（mg/g）	3.25	谷氨酸（mg/g）	24.73
P（mg/kg）	6429.60	甲硫氨酸（mg/g）	0.39	天冬氨酸（mg/g）	4.34
Se（mg/kg）	0.667	缬氨酸（mg/g）	0.16	γ-氨基丁酸（mg/g）	3.383
VB_1（mg/kg）	463.52	胱氨酸（mg/g）	2.56	β-葡聚糖（mg/g）	16.18
VB_2（mg/kg）	314.42	酪氨酸（mg/g）	2.08		

五、DNA指纹条形码

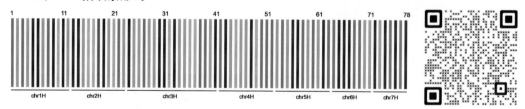

六、附图

田间整体图片

田间穗部图片

籽粒图片

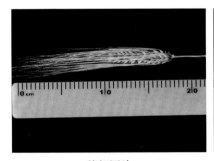

穗部图片

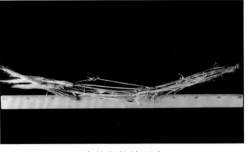

成熟期整株图片

BJX0154

一、原产地：西藏普兰

二、国家统一编号：ZDM07303

三、形态特征及生物学特性

幼苗叶片、叶耳均为绿色。株高98.7cm，紧凑株型，第二茎秆直径3.35mm。全生育期为122d，单株穗数为8.0穗，穗姿直立、六棱，穗和芒色为黄色，穗长9.0cm，每穗61.0粒。长芒、光芒，裸粒，粒呈褐色、椭圆形，千粒重为30.43g。

四、品质检测结果

项目	数值	项目	数值	项目	数值
蛋白质（%）	15.97	VB$_6$（mg/kg）	47.01	丙氨酸（mg/g）	6.01
淀粉（%）	67.30	VE（mg/kg）	253.34	精氨酸（mg/g）	7.49
纤维素（%）	17.81	脯氨酸（mg/g）	12.33	苏氨酸（mg/g）	5.57
木质素（%）	9.74	赖氨酸（mg/g）	5.45	甘氨酸（mg/g）	6.11
Ca（mg/kg）	1 002.97	亮氨酸（mg/g）	9.65	组氨酸（mg/g）	2.69
Zn（mg/kg）	56.16	异亮氨酸（mg/g）	4.73	丝氨酸（mg/g）	6.38
Fe（mg/kg）	98.96	苯丙氨酸（mg/g）	7.67	谷氨酸（mg/g）	36.88
P（mg/kg）	5 551.71	甲硫氨酸（mg/g）	0.29	天冬氨酸（mg/g）	9.03
Se（mg/kg）	0.207	缬氨酸（mg/g）	1.15	γ-氨基丁酸（mg/g）	5.741
VB$_1$（mg/kg）	584.79	胱氨酸（mg/g）	7.48	β-葡聚糖（mg/g）	23.97
VB$_2$（mg/kg）	234.79	酪氨酸（mg/g）	4.26		

五、DNA指纹条形码

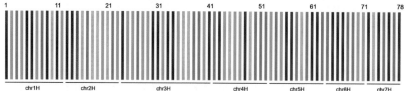 

六、附图

田间整体图片

田间穗部图片

籽粒图片

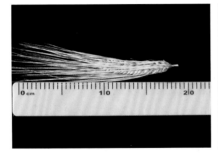

穗部图片

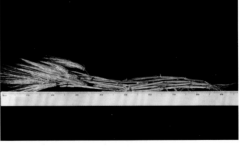

成熟期整株图片

BJX249

一、原产地：西藏普兰

二、西藏保存编号：XZDM07608

三、形态特征及生物学特性

幼苗叶片、叶耳均为绿色。株高98.0cm，紧凑株型，第二茎秆直径4.32mm。全生育期为101d，单株穗数为7.0穗，穗姿水平、六棱，穗和芒色为黄色，穗长9.7cm，每穗61.3粒。长芒、光芒，裸粒，粒呈黄、紫色、长圆形，千粒重为44.74g。

四、品质检测结果

项目	数值	项目	数值	项目	数值
蛋白质（%）	16.01	VB$_6$（mg/kg）	78.56	丙氨酸（mg/g）	6.25
淀粉（%）	61.29	VE（mg/kg）	315.90	精氨酸（mg/g）	8.26
纤维素（%）	15.34	脯氨酸（mg/g）	7.36	苏氨酸（mg/g）	5.27
木质素（%）	10.79	赖氨酸（mg/g）	4.18	甘氨酸（mg/g）	5.99
Ca（mg/kg）	1365.31	亮氨酸（mg/g）	9.55	组氨酸（mg/g）	1.07
Zn（mg/kg）	54.30	异亮氨酸（mg/g）	4.93	丝氨酸（mg/g）	5.97
Fe（mg/kg）	154.72	苯丙氨酸（mg/g）	6.81	谷氨酸（mg/g）	31.55
P（mg/kg）	6924.09	甲硫氨酸（mg/g）	0.28	天冬氨酸（mg/g）	9.01
Se（mg/kg）	7.246	缬氨酸（mg/g）	1.32	γ-氨基丁酸（mg/g）	4.874
VB$_1$（mg/kg）	1209.23	胱氨酸（mg/g）	7.59	β-葡聚糖（mg/g）	27.09
VB$_2$（mg/kg）	213.26	酪氨酸（mg/g）	4.38		

五、DNA指纹条形码

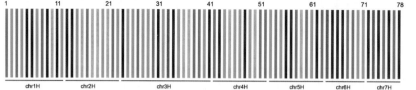

六、附图

田间整体图片

田间穗部图片

籽粒图片

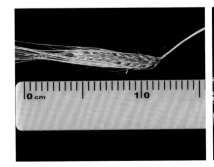

穗部图片

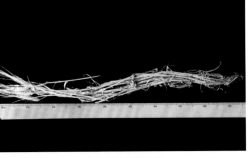

成熟期整株图片

BJX251

一、原产地：西藏普兰

二、西藏保存编号：XZDM07610

三、形态特征及生物学特性

幼苗叶片、叶耳均为绿色。株高94.6cm，紧凑株型，第二茎秆直径3.62mm。全生育期为96d，单株穗数为5.0穗，穗姿水平、六棱，穗和芒色为黄色、紫色，穗长7.4cm，每穗58.0粒。长芒、光芒，裸粒，粒呈褐色、椭圆形，千粒重为43.98g。

四、品质检测结果

项目	数值	项目	数值	项目	数值
蛋白质（%）	13.22	VB$_6$（mg/kg）	64.28	丙氨酸（mg/g）	4.73
淀粉（%）	69.20	VE（mg/kg）	247.06	精氨酸（mg/g）	5.80
纤维素（%）	25.38	脯氨酸（mg/g）	8.42	苏氨酸（mg/g）	4.05
木质素（%）	10.49	赖氨酸（mg/g）	3.70	甘氨酸（mg/g）	4.43
Ca（mg/kg）	905.81	亮氨酸（mg/g）	7.90	组氨酸（mg/g）	0.62
Zn（mg/kg）	40.70	异亮氨酸（mg/g）	4.36	丝氨酸（mg/g）	4.48
Fe（mg/kg）	104.71	苯丙氨酸（mg/g）	5.89	谷氨酸（mg/g）	25.94
P（mg/kg）	5 144.03	甲硫氨酸（mg/g）	0.28	天冬氨酸（mg/g）	6.59
Se（mg/kg）	0.333	缬氨酸（mg/g）	0.65	γ-氨基丁酸（mg/g）	3.606
VB$_1$（mg/kg）	842.30	胱氨酸（mg/g）	5.85	β-葡聚糖（mg/g）	26.68
VB$_2$（mg/kg）	192.30	酪氨酸（mg/g）	3.36		

五、DNA指纹条形码

六、附图

田间整体图片

田间穗部图片

籽粒图片

穗部图片

成熟期整株图片

阿里地区日土县青稞资源简介

BJX039

一、原产地：西藏日土

二、国家统一编号：ZDM05110

三、形态特征及生物学特性

幼苗叶片、叶耳均为绿色。株高91.2cm，松散株型，第二茎秆直径3.99mm。全生育期为97d，单株穗数为5.6穗，穗姿下垂、六棱，穗和芒色为黄色、紫色，穗长7.0cm，每穗55.6粒。长芒、光芒，裸粒，粒呈黄色、椭圆形，千粒重为40.27g。

四、品质检测结果

项目	数值	项目	数值	项目	数值
蛋白质（%）	13.63	VB$_6$（mg/kg）	68.96	丙氨酸（mg/g）	5.43
淀粉（%）	67.46	VE（mg/kg）	266.42	精氨酸（mg/g）	6.24
纤维素（%）	11.96	脯氨酸（mg/g）	28.36	苏氨酸（mg/g）	4.48
木质素（%）	12.67	赖氨酸（mg/g）	4.31	甘氨酸（mg/g）	6.42
Ca（mg/kg）	1 106.24	亮氨酸（mg/g）	8.22	组氨酸（mg/g）	0.40
Zn（mg/kg）	44.81	异亮氨酸（mg/g）	4.38	丝氨酸（mg/g）	5.08
Fe（mg/kg）	137.46	苯丙氨酸（mg/g）	6.48	谷氨酸（mg/g）	31.97
P（mg/kg）	4 889.22	甲硫氨酸（mg/g）	0.44	天冬氨酸（mg/g）	1.90
Se（mg/kg）	3.184	缬氨酸（mg/g）	2.92	γ-氨基丁酸（mg/g）	3.676
VB$_1$（mg/kg）	567.01	胱氨酸（mg/g）	7.24	β-葡聚糖（mg/g）	19.21
VB$_2$（mg/kg）	290.32	酪氨酸（mg/g）	3.11		

五、DNA指纹条形码

六、附图

田间整体图片

田间穗部图片

籽粒图片

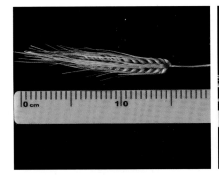

穗部图片

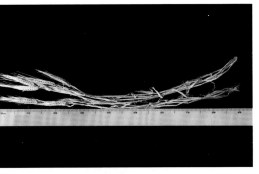

成熟期整株图片

BJX054

一、原产地：西藏日土

二、国家统一编号：ZDM05718

三、形态特征及生物学特性

幼苗叶片、叶耳均为绿色。株高95.4cm，中等株型，第二茎秆直径4.19mm。全生育期为98d，单株穗数为5.6穗，穗姿下垂、六棱，穗和芒色为黄、黑、紫色，穗长6.8cm，每穗61.8粒。长芒、光芒，裸粒，粒呈黄色、椭圆形，千粒重为39.82g。

四、品质检测结果

项目	数值	项目	数值	项目	数值
蛋白质（%）	10.47	VB$_6$（mg/kg）	44.81	丙氨酸（mg/g）	2.50
淀粉（%）	67.58	VE（mg/kg）	253.98	精氨酸（mg/g）	3.04
纤维素（%）	13.65	脯氨酸（mg/g）	5.65	苏氨酸（mg/g）	1.92
木质素（%）	12.88	赖氨酸（mg/g）	1.56	甘氨酸（mg/g）	2.54
Ca（mg/kg）	1 052.25	亮氨酸（mg/g）	3.83	组氨酸（mg/g）	0.39
Zn（mg/kg）	34.50	异亮氨酸（mg/g）	1.74	丝氨酸（mg/g）	2.16
Fe（mg/kg）	121.00	苯丙氨酸（mg/g）	2.56	谷氨酸（mg/g）	14.37
P（mg/kg）	3 797.50	甲硫氨酸（mg/g）	0.49	天冬氨酸（mg/g）	3.07
Se（mg/kg）	0.555	缬氨酸（mg/g）	0.19	γ-氨基丁酸（mg/g）	2.597
VB$_1$（mg/kg）	371.22	胱氨酸（mg/g）	1.43	β-葡聚糖（mg/g）	19.46
VB$_2$（mg/kg）	188.74	酪氨酸（mg/g）	1.39		

五、DNA指纹条形码

六、附图

田间整体图片

田间穗部图片

籽粒图片

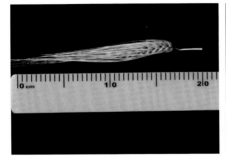

穗部图片

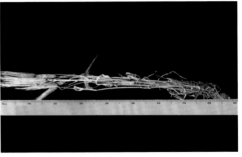

成熟期整株图片

BJX056

一、原产地：西藏日土

二、国家统一编号：ZDM05730

三、形态特征及生物学特性

幼苗叶片、叶耳均为绿色。株高97.6cm，紧凑株型，第二茎秆直径4.21mm。全生育期为122d，单株穗数为3.8穗，穗姿水平、六棱，穗和芒色为紫色、黑色，穗长7.6cm，每穗64.8粒。长芒、光芒，裸粒，粒呈蓝色、椭圆形，千粒重为36.78g。

四、品质检测结果

项目	数值	项目	数值	项目	数值
蛋白质（%）	11.13	VB₆（mg/kg）	36.54	丙氨酸（mg/g）	5.50
淀粉（%）	68.24	VE（mg/kg）	212.43	精氨酸（mg/g）	6.55
纤维素（%）	19.15	脯氨酸（mg/g）	5.20	苏氨酸（mg/g）	4.69
木质素（%）	12.86	赖氨酸（mg/g）	2.43	甘氨酸（mg/g）	5.71
Ca（mg/kg）	1 022.15	亮氨酸（mg/g）	8.64	组氨酸（mg/g）	1.55
Zn（mg/kg）	28.05	异亮氨酸（mg/g）	4.87	丝氨酸（mg/g）	4.94
Fe（mg/kg）	319.88	苯丙氨酸（mg/g）	7.30	谷氨酸（mg/g）	22.85
P（mg/kg）	3 449.80	甲硫氨酸（mg/g）	1.04	天冬氨酸（mg/g）	7.27
Se（mg/kg）	0.252	缬氨酸（mg/g）	1.75	γ-氨基丁酸（mg/g）	3.817
VB₁（mg/kg）	361.29	胱氨酸（mg/g）	7.31	β-葡聚糖（mg/g）	20.10
VB₂（mg/kg）	168.27	酪氨酸（mg/g）	4.01		

五、DNA指纹条形码

六、附图

田间整体图片

田间穗部图片

籽粒图片

穗部图片

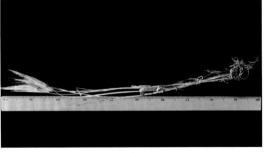

成熟期整株图片

BJX057

一、原产地：西藏日土

二、国家统一编号：ZDM05752

三、形态特征及生物学特性

幼苗叶片、叶耳均为绿色。株高90.6cm，紧凑株型，第二茎秆直径3.25mm。全生育期为114d，单株穗数为7.0穗，穗姿直立、六棱，穗和芒色为黄色，穗长7.2cm，每穗62.6粒。短芒、光芒，裸粒，粒呈褐色、长圆形，千粒重为38.10g。

四、品质检测结果

项目	数值	项目	数值	项目	数值
蛋白质（%）	15.51	VB$_6$（mg/kg）	45.12	丙氨酸（mg/g）	2.37
淀粉（%）	70.20	VE（mg/kg）	202.56	精氨酸（mg/g）	2.85
纤维素（%）	18.67	脯氨酸（mg/g）	6.08	苏氨酸（mg/g）	2.01
木质素（%）	14.34	赖氨酸（mg/g）	2.36	甘氨酸（mg/g）	2.32
Ca（mg/kg）	1 078.54	亮氨酸（mg/g）	4.48	组氨酸（mg/g）	0.40
Zn（mg/kg）	49.54	异亮氨酸（mg/g）	2.22	丝氨酸（mg/g）	2.59
Fe（mg/kg）	138.60	苯丙氨酸（mg/g）	3.26	谷氨酸（mg/g）	20.59
P（mg/kg）	4 599.59	甲硫氨酸（mg/g）	0.18	天冬氨酸（mg/g）	3.70
Se（mg/kg）	0.191	缬氨酸（mg/g）	0.13	γ-氨基丁酸（mg/g）	2.658
VB$_1$（mg/kg）	287.07	胱氨酸（mg/g）	2.01	β-葡聚糖（mg/g）	18.55
VB$_2$（mg/kg）	213.65	酪氨酸（mg/g）	1.63		

五、DNA指纹条形码

六、附图

田间整体图片

田间穗部图片

籽粒图片

穗部图片

成熟期整株图片

BJX072

一、原产地： 西藏日土

二、国家统一编号： ZDM06108

三、形态特征及生物学特性

幼苗叶片、叶耳均为绿色。株高79.0cm，中等株型，第二茎秆直径4.21mm。全生育期为97d，单株穗数为5.5穗，穗姿直立、六棱，穗和芒色为黄色，穗长6.0cm，每穗51.0粒。短芒、光芒，裸粒，粒呈褐色、椭圆形，千粒重为36.62g。

四、品质检测结果

项目	数值	项目	数值	项目	数值
蛋白质（%）	15.11	VB$_6$（mg/kg）	50.31	丙氨酸（mg/g）	3.83
淀粉（%）	58.23	VE（mg/kg）	207.31	精氨酸（mg/g）	4.78
纤维素（%）	11.25	脯氨酸（mg/g）	3.89	苏氨酸（mg/g）	4.00
木质素（%）	11.37	赖氨酸（mg/g）	1.93	甘氨酸（mg/g）	3.99
Ca（mg/kg）	844.76	亮氨酸（mg/g）	6.67	组氨酸（mg/g）	0.94
Zn（mg/kg）	38.75	异亮氨酸（mg/g）	3.56	丝氨酸（mg/g）	3.79
Fe（mg/kg）	105.32	苯丙氨酸（mg/g）	5.24	谷氨酸（mg/g）	29.87
P（mg/kg）	3695.98	甲硫氨酸（mg/g）	0.45	天冬氨酸（mg/g）	4.81
Se（mg/kg）	0.110	缬氨酸（mg/g）	0.72	γ-氨基丁酸（mg/g）	3.265
VB$_1$（mg/kg）	434.16	胱氨酸（mg/g）	4.51	β-葡聚糖（mg/g）	17.99
VB$_2$（mg/kg）	210.24	酪氨酸（mg/g）	2.68		

五、DNA指纹条形码

六、附图

田间整体图片

田间穗部图片

籽粒图片

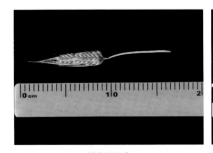

穗部图片

成熟期整株图片

BJX261

一、原产地：西藏日土

二、西藏保存编号：XZDM07620

三、形态特征及生物学特性

幼苗叶片、叶耳均为绿色。株高87.0cm，紧凑株型，第二茎秆直径3.18mm。全生育期为101d，单株穗数为11.6穗，穗姿水平、六棱，穗和芒色为黄色、紫色，穗长8.4cm，每穗58.8粒。长芒、光芒，裸粒，粒呈黄色、椭圆形，千粒重为45.94g。

四、品质检测结果

项目	数值	项目	数值	项目	数值
蛋白质（%）	15.73	VB$_6$（mg/kg）	70.76	丙氨酸（mg/g）	5.30
淀粉（%）	59.88	VE（mg/kg）	300.74	精氨酸（mg/g）	6.84
纤维素（%）	20.63	脯氨酸（mg/g）	11.01	苏氨酸（mg/g）	4.67
木质素（%）	11.21	赖氨酸（mg/g）	4.06	甘氨酸（mg/g）	5.16
Ca（mg/kg）	1 090.20	亮氨酸（mg/g）	8.67	组氨酸（mg/g）	0.39
Zn（mg/kg）	52.14	异亮氨酸（mg/g）	4.32	丝氨酸（mg/g）	5.17
Fe（mg/kg）	127.74	苯丙氨酸（mg/g）	6.19	谷氨酸（mg/g）	30.33
P（mg/kg）	5 995.83	甲硫氨酸（mg/g）	0.27	天冬氨酸（mg/g）	7.86
Se（mg/kg）	0.225	缬氨酸（mg/g）	0.65	γ-氨基丁酸（mg/g）	4.888
VB$_1$（mg/kg）	979.60	胱氨酸（mg/g）	6.34	β-葡聚糖（mg/g）	22.29
VB$_2$（mg/kg）	269.38	酪氨酸（mg/g）	3.78		

五、DNA指纹条形码

六、附图

田间整体图片

田间穗部图片

籽粒图片

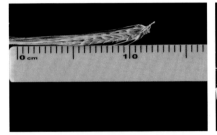

穗部图片

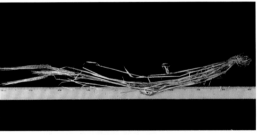

成熟期整株图片

阿里地区噶尔县青稞资源简介

BJX069

一、原产地：西藏噶尔

二、国家统一编号：ZDM06036

三、形态特征及生物学特性

幼苗叶片、叶耳均为绿色。株高99.8cm，中等株型，第二茎秆直径3.53mm。全生育期为114d，单株穗数为6.0穗，穗姿下垂、六棱，穗和芒色为黄色，穗长7.4cm，每穗59.0粒。长芒、光芒，裸粒，粒呈黄色、椭圆形，千粒重为44.29g。

四、品质检测结果

项目	数值	项目	数值	项目	数值
蛋白质（%）	12.46	VB$_6$（mg/kg）	37.67	丙氨酸（mg/g）	1.59
淀粉（%）	62.06	VE（mg/kg）	225.64	精氨酸（mg/g）	1.51
纤维素（%）	15.98	脯氨酸（mg/g）	17.26	苏氨酸（mg/g）	1.45
木质素（%）	13.16	赖氨酸（mg/g）	1.79	甘氨酸（mg/g）	1.92
Ca（mg/kg）	916.75	亮氨酸（mg/g）	2.82	组氨酸（mg/g）	0.22
Zn（mg/kg）	45.07	异亮氨酸（mg/g）	1.34	丝氨酸（mg/g）	1.50
Fe（mg/kg）	126.42	苯丙氨酸（mg/g）	1.86	谷氨酸（mg/g）	11.45
P（mg/kg）	4931.21	甲硫氨酸（mg/g）	0.41	天冬氨酸（mg/g）	2.49
Se（mg/kg）	0.908	缬氨酸（mg/g）	0.09	γ-氨基丁酸（mg/g）	2.611
VB$_1$（mg/kg）	354.08	胱氨酸（mg/g）	0.78	β-葡聚糖（mg/g）	16.84
VB$_2$（mg/kg）	227.21	酪氨酸（mg/g）	1.19		

五、DNA指纹条形码

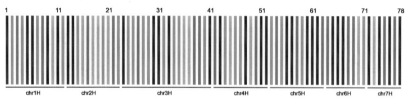

六、附图

田间整体图片

田间穗部图片

籽粒图片

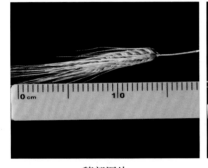

穗部图片

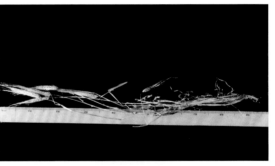

成熟期整株图片

BJX070

一、原产地：西藏噶尔

二、国家统一编号：ZDM06048

三、形态特征及生物学特性

幼苗叶片、叶耳均为绿色。株高104.0cm，中等株型，第二茎秆直径3.80mm。全生育期为122d，单株穗数为5.6穗，穗姿下垂、六棱，穗和芒色为黄色，穗长8.4cm，每穗59.8粒。长芒、光芒，裸粒，粒呈黄色、椭圆形，千粒重为46.62g。

四、品质检测结果

项目	数值	项目	数值	项目	数值
蛋白质（%）	13.14	VB$_6$（mg/kg）	43.67	丙氨酸（mg/g）	4.33
淀粉（%）	65.20	VE（mg/kg）	203.71	精氨酸（mg/g）	5.28
纤维素（%）	11.52	脯氨酸（mg/g）	4.64	苏氨酸（mg/g）	4.00
木质素（%）	11.95	赖氨酸（mg/g）	1.73	甘氨酸（mg/g）	4.62
Ca（mg/kg）	962.14	亮氨酸（mg/g）	6.66	组氨酸（mg/g）	1.17
Zn（mg/kg）	38.55	异亮氨酸（mg/g）	3.17	丝氨酸（mg/g）	3.86
Fe（mg/kg）	92.70	苯丙氨酸（mg/g）	4.60	谷氨酸（mg/g）	25.46
P（mg/kg）	4749.89	甲硫氨酸（mg/g）	0.62	天冬氨酸（mg/g）	5.41
Se（mg/kg）	1.122	缬氨酸（mg/g）	0.23	γ-氨基丁酸（mg/g）	4.670
VB$_1$（mg/kg）	321.66	胱氨酸（mg/g）	5.24	β-葡聚糖（mg/g）	14.33
VB$_2$（mg/kg）	243.84	酪氨酸（mg/g）	3.00		

五、DNA指纹条形码

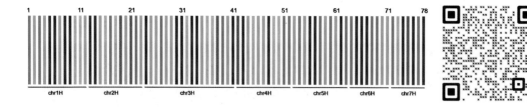

六、附图

田间整体图片

田间穗部图片

籽粒图片

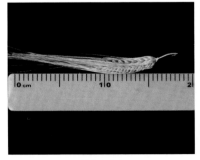

穗部图片

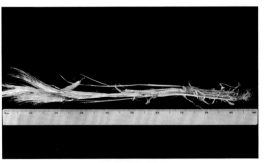

成熟期整株图片

主要参考文献

卢良恕，1996.中国大麦学[M].北京：中国农业出版社.

罗树中，陆炜，1991.中国大麦文集（第二集）[M].西安：陕西科学技术出版社.

西藏作物品种资源考察队，1987.西藏作物品种资源考察文集[M].北京：中国
农业科技出版社.

张京，李先德，张国平，2017.中国现代农业可持续发展研究：大麦青稞分册
[M].北京：中国农业出版社.

中国农业科学院作物科学研究所，国家大麦产业技术体系，2018.中国大麦品
种志[M].北京：中国农业科学技术出版社.

朱睦元，张京，2015.大麦（青稞）营养分析及其食品加工[M].杭州：浙江大
学出版社.